花博士到你家

台湾大学园艺暨景观系教授　张育森　著

U0309143

海峡出版发行集团 | 福建科学技术出版社

Contents
目录

Contents
目　录

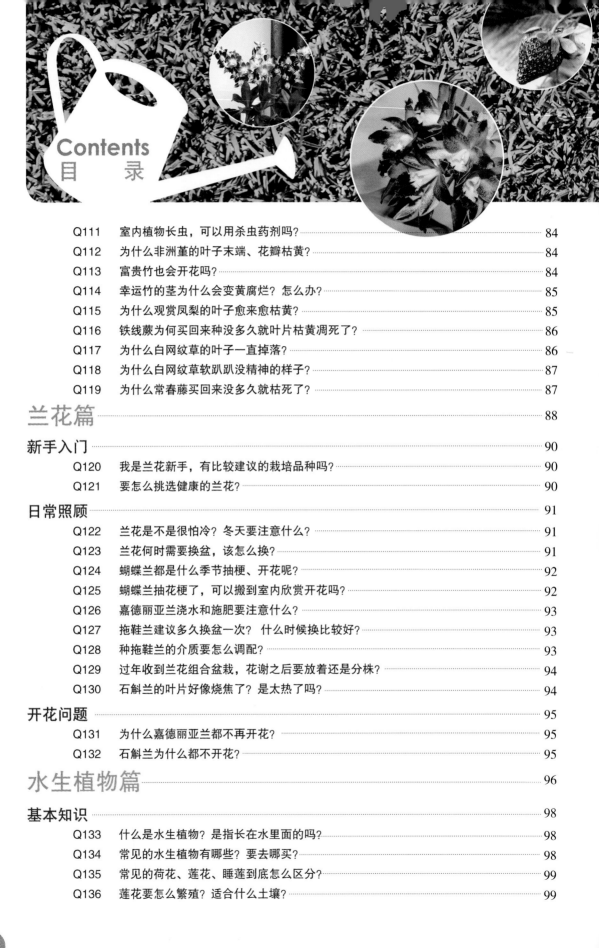

Contents
目　　录

Contents
目 录

Contents
目　　录

栽种、繁殖与照顾 ·· 161

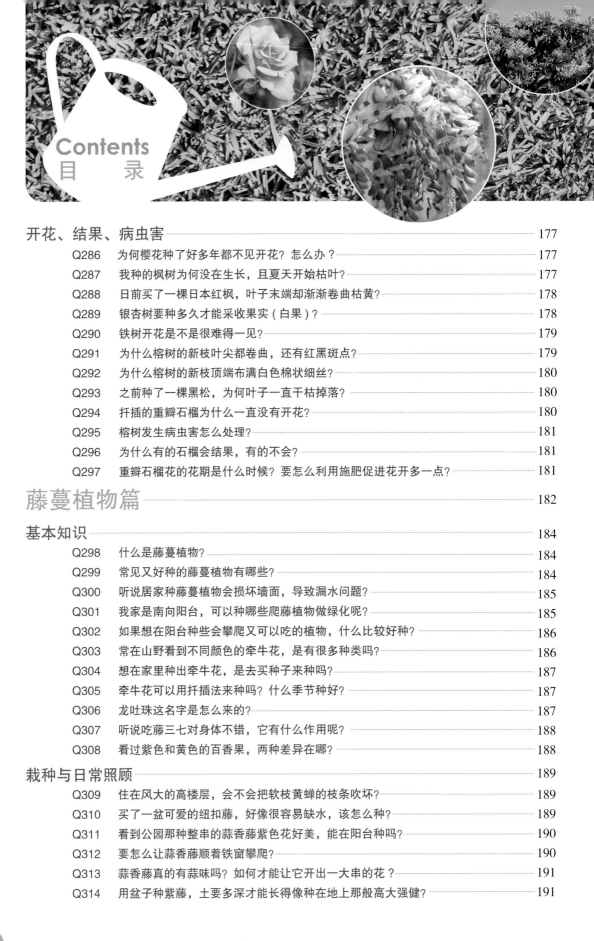

Contents
目　录

Contents
目　　录

立即解决绿化难题，成为以园艺美化人生的实践家

伴随着经济与文化的发展，人们对于观赏园艺的喜爱、需求与消费，均逐年大幅增长。联合国教科文组织在整体评量一个国家的经济与文化领先指标时，将"花卉与观赏及绿美化等植物之消费支出"亦列为重要加权计算值之一，由此可见家庭园艺与绿美化工作的重要性。

人们对于居家与生活环境的绿化品质要求，虽逐年增加，但也常苦于没有足够的资讯与渠道。民众常常乘兴购买布置绿化植物，但因养护知识缺乏或照顾不周等因素，导致植株或枯萎或罹病或不开花等，终而败兴丢弃，久而久之，影响了自己动手从事绿化工作的兴趣与意愿。

台湾大学园艺暨景观系张育森教授，学有专精。不但在教学研究方面，有显著亮丽之卓越表现，在服务推广方面，更是不遗余力。举凡校外家庭园艺与绿化专业实践、台北国际花博筹备、台大校园植物导览手册、解说牌与绿化建设、台大每年盛事——"杜鹃花节"的规划等等，张教授几无一缺席。此外，张育森教授更有丰富的实务经验，曾经担任长达六年的台湾大学位于南投梅峰占地千余公顷的山地农场之场长职，现更为校总区综合农业试验场场长。其以优异表现荣获台湾园艺学会学术奖、事业奖、第三十一届全台湾十大杰出农业专家、智财权保护运用奖、台湾大学教学优良教师、台湾大学服务优良教师等多种奖项。张育森教授实为奉行学术与高等教育回馈贡献于社会的实践典范。

本人于大学主修园艺，而后逐渐专研于生物技术和生物多样性研究；现今虽公务繁忙，终对园艺栽培、拈花惹草仍有初始的兴趣，常至假日花市选购漂亮有趣的植物回来种植。每有疑惑难解之处，张育森教授常是我的请益对象，也都能获得满意的答复。最近拜读本书初稿，特别欣喜许多种花的疑问，在书中均有很好的解答，其实为养花、爱花人士的最佳指南。

本书的绝妙之处，在于文浅义深，针对问题以三言两语切中核心，并提出确实可行的解决之道。此非有十数年以上的理论根基与实际经验，绝难办到。现代的读者，最大的困扰不在信息量之不足，而在信息质的水准，尤其是经过专业整合后化为知识的有用信息。

本书言简意赅，忙碌的读者可轻易地从目录中选取所需要的知识，立即解决所面临的绿化难题；此间既可怡情又可养性，同时能掌握植物生理与栽培管理两大心法。相信拥有此书者都将能成为以园艺美化人生的最佳实践家。

教授兼台湾大学
生物资源暨农学院院长　徐源泰

许您一个绿意盎然、园满如艺的家园

进入园艺这个博大精深又奥妙的领域，已迈向第三十三个年头；从取得博士学位、回母系（台湾大学园艺暨景观系）任教，也匆匆一过二十年！大学教授的主要工作在于教学和研究；然而笔者两大业师——郑正勇教授和李哖教授，不但在学术上有卓越之成就，更热心于推广服务工作，将所学贡献于产业与社会。个人受到恩师的精神感召，也曾先后撰写蔬果消费、家庭园艺和绿美化等相关书刊十余种；并于《中国时报》开辟"绿手指信箱"，应答各界有关园艺、绿化等问题。在一年半的时间里，每周固定在《中国时报》生活消费版刊载三分之一版面，回答三四个相关问题。也许是咨询问题和应答内容切合实际需要，"绿手指信箱"刊载期间即引起广大读者热烈的回响，纷纷要求能将精彩内容集结成书发行。最后在台视文化公司的专业制作团队的通力合作下，前后出版《家庭园艺绿化锦囊100招》和《家庭园艺绿化妙技100招》两书。前书被评选为主计处家计普查之纪念礼品，后书并授权在中国大陆出版简体版，足见两书的内容和品质符合广大读者所需。

笔者在推广家庭园艺、社区绿化时，经常面临一个两难的问题："张老师，您的两本书，较推荐哪一本？"由于《家庭园艺绿化锦囊100招》知识和观念解说较完整，《家庭园艺绿化妙技100招》技术和种类介绍较多样，故我实在很难回答这一问题！当然最好是两书一起买，但一方面读者负担较重，而且有时不知问题的解答在哪一本。现在问题终于得以解决了！由于与台视文化公司的合约已到期，在《花草游戏》社长张淑贞的肯定与邀请，以及专业编辑团队的努力合作下，前述两书的文字和图片内容得以重新修订与改编，结合成完整的一册，并以平价发行，因而有此《花博士到你家》新书诞生！

本书内容具有如下特色：

问题切合实际：本书中所列的问题，皆为大众读者所提出的实际问题。其所举的植物就是常见的植物，所提的问题可能就是您常面临的问题，因此本书内容完全切合家庭园艺绿化所需。

解说详尽精确：笔者回答每一问题时，皆尽可能查阅相关书刊确认，必要时亦请教对该问题更深入了解的专家，以求资料的完整、详尽和精确。期许本书能使读者在面临书中所列之类似问题时，不必再翻查其他书籍资料，即可得到满意的答案。

技术观念并重：在现代繁忙的社会里，真正有充裕时间和心力投入"拈花惹草"的人并不多见，所以如何"享受种花的乐趣，避免种花的辛苦"就显得相当重要。例如有时只要选对植物种类，就可避免许多栽培问题；又如花点小钱购买开花成株，比您辛苦地从小苗种至开花容易多了。因此本书不只介绍您实用的技术，也介绍您正确的观念和做法。

查阅方便实用：本书经系统编辑，划分为草花篇、球根篇、多肉植物篇、观叶植物篇、兰花篇、水生植物篇、蔬菜果树篇、香花植物篇、花木篇、庭园树木篇、藤蔓植物篇、园艺知识补给篇和居家美化与应用篇等十三篇。每一篇再针对特定主题（如基本知识、繁殖、种植、换盆、介质、浇水、施肥、日常照顾、病虫害防治、开花问题、结果问题……）归类。书后另附植物种类索引，便于读者的查阅。即使读者所栽种的植物未被列入，亦可参考相关的专题内容，达到举一反三的良好效果。

全书图文并茂，每一个问题均为浅显易懂的文字与精美生动的图片完美结合，期使读者能有最佳的阅读和理解效果。

历经了将近一年的研讨、编辑与校对、修正……如今它终于面世。特别要感谢《花草游戏》社长张淑贞与责任编辑郑锦屏女士及其团队的辛劳与协助！由于大家对于品质的坚持，本书呈现出系统简明、内容丰富、图文并茂、深入浅出的特色。

饮水思源，仍应感谢当初恩师李哖教授之推荐；在《中国时报》"绿手指信箱"刊载期间，承蒙广大读者惠赐问题以及时报谷怡意女士协助汇编题目和编辑应答内容。谨致衷心谢忱。原两书承蒙陈绮华主任和吴秀梅女士以及园艺家薛聪贤先生之鼎力支持与配合，得以顺利出版，在此深致谢意。

近来因身兼数职，笔者难以全力配合本书之出版时程。故特别感谢台大农场钟秀媚技士与研究室研究助理张采依、何明昱和侯炳丞等同仁，在他们热心协助下，本书才得以顺利完成校对、修正等工作，早日问世。

书成之后，尤其感谢台湾大学生物资源暨农学院徐源泰院长为本书作序推荐，为本书倍增光彩。

最后谨将本书敬献给我最亲爱的父母和家人！

张育森 谨识

草花类属于草本植物，只能生长到一定的高度，茎部也较为柔软，生命周期短。而草花由于生长速度快，种类、花色繁多，因此很适合用于中、短期种植点缀，且价格实惠，接受度很高。

草花篇

草花篇

基本知识

什么是草花？

广义的草花是指全部的草本植物，而一般的草花通常是指一、二年生的草本花卉。一年生代表一年内就会历经从播种、发芽生长、开花结果到枯死的完整生命周期。通常是春天播种，冬季前留下种子后死去。二年生则指其生命周期会超过一年或具有生长和开花两个生长季。草花的寿命虽短，但生长迅速、花色鲜艳，经常是花市里最醒目的一族。

摄影／邱如仁

玛格丽特

摄影／陈家伟

矮牵牛

摄影／陈家伟

金毛菊

摄影／陈家伟

羽叶薰衣草

草花怎么用？

花农通常都用直径 10 厘米的黑色塑胶软盆来种植草花。草花生长强健可以露天栽培，买回家之后，直接将软盆套入喜欢的花器当中，或者做成组合盆栽、设置户外花坛，都具有绝佳的美化效果。不过盛花期后植株凋零，观赏价值降低，此时便需要重新添购。

摄影／王耀贤

草花与杂货风盆器搭配。

摄影／陈家伟

利用不同色系的草花，设置小花园。

菊花如果想插入花瓶中观赏，如何延长观赏期？

菊花的切花寿命算是比较长的，可达到 7~10 天。插入花瓶时，水面下的叶子都要摘除，以免烂叶导致水质腐败发臭。花朵不要过于拥挤，水瓶中还可滴入一两滴漂白水杀菌。定期更换干净水分或在植株周围喷雾，提高湿度，尤其在有空调的环境中，更有助于保鲜。

1.选择饱满无压伤的花苞。

2.以斜剪方式，以利吸水。

3.水面下的叶子要摘除。

4.花瓶中滴入漂白水可杀菌。

摄影／王耀贤

薄荷有哪些用途？日常可以怎么使用？

薄荷不但具观赏价值，更是知名的香草植物，茎叶具有祛风止咳、解热发汗、健胃之效，可舒缓感冒、头痛、咽喉肿痛、皮肤痒等症状。日常简易的运用有：

· 感冒咳嗽时，将薄荷蘸些蜂蜜食用。

· 皮肤痒可用新鲜薄荷叶直接擦拭。

· 摘几片新鲜叶子，用热水冲泡 3 分钟即可饮用；若喜欢甜味，还可加入甜叶菊一起冲泡。

· 直接将叶子揉一揉加入冰凉的柠檬水、果汁中增加香气。

◎ 薄荷属于凉性的药草，孕妇及体质偏寒者，需听从医生指示，注意用量及使用习惯。

摄影／王正毅

薄荷是居家容易栽种又实用的香草植物。

我想在庭院种块草坪，有哪些选择？

 草坪植物一般可分为喜欢冷凉的"冷季草种"和喜欢温暖的"暖季草种"。平地适合暖季草种的生长，像是细叶结缕草（韩国草）、沟叶结缕草（台北草）、百慕达草（狗牙根）、两耳草、地毯草、类地毯草、假俭草、百喜草、圣奥古斯汀草等。可依照空间大小，到园艺店或材料店订购适量的块状或捆状草坪（亦即草块或草毯）来铺设。从省工、好维护方面考虑，个人较为推荐的草种为假俭草和地毯草。

摄影／何忠诚

阳光充足的空地，适合设置草坪。

为什么向日葵总会向着阳光的方向呢？

A 向日葵是一种好阳性的作物，日照不足时不易开花，因此一定要种在室外阳光可直射处。向日葵最有趣的地方，是花会朝着太阳转动。这是因为向日葵的花长在茎的顶端，茎内部含有生长素，当阳光照射时，向光面的生长素会被光分解或移至背光面，使得一背光面含较高量生长素，生长得较快，于是茎部就向阳光的一边弯曲，有如花朵始终朝着太阳一般。向日葵或迎阳花、朝阳花、太阳花、日头花的称谓就是由此而来的。其实大部分植物的茎都有上述的向光性，只是向日葵较为明显而已。

向日葵的茎有明显的向光性。

摄影／郑锦屏

栽种与繁殖

种植草花的土壤该怎么调配与施肥？

A 良好的盆土介质应具有通气、排水性好，保水、保肥力强以及土壤酸碱度（pH值）适当等条件。由于很难有一种介质可以满足上述所有条件，因此盆土介质通常由数种介质依一定比例组成。例如以泥炭土：蛭石：珍珠石为1：1：1或2：2：1的比例调配，对草花植株就是不错的盆土配方。或者可直接在花市或园艺中心购得已调配好的培养土。至于施肥应适时适量，以直径15~20厘米盆植株而言，除先施用3~6克长效化肥当基肥外，生长开花期间，每2~3周再施用一次速效液肥作追肥。

开花时期特别需要磷肥。

摄影／陈家伟

泥炭土

泥炭土：蛭石：珍珠石为1：1：1

蛭石　　珍珠石

摄影／王正毅

换盆时可添加长效性化肥作为基肥。

摄影／侯炳丞

草花篇　23

秋海棠怎么繁殖？ **Q08**

A 秋海棠繁殖容易，观花用的四季秋海棠可在春、秋剪取 7~10 厘米的顶梢或侧枝，除去下半部叶片，插入装有培养土的盆器中，放置在半阴处定期浇水，2~3 周即可生根。至于观叶用的虎斑秋海棠、铁十字秋海棠或虾蟆秋海棠则可采用叶插法繁殖。

摄影／何忠诚

摄影／何忠诚

四季秋海棠

剪取顶芽茎段，扦插到另一盆土中。

摄影／何忠诚

虎斑秋海棠

摄影／何忠诚

剪取健康叶片，留 1~2 厘米叶炳，插在湿润的介质中等待发根。

摄影／何忠诚

等待 2~5 周后发根，可以开始给予薄肥。

为何播种方式种的球根秋海棠都不开花？ **Q09**

A 球根秋海棠具有地下块茎，喜欢较冷凉的环境，生长适温为 15~22℃，而且属于长日照性植物，每天日照时间要超过 13 个小时以上才会开花。因此在亚热带地区，球根秋海棠较适合在高冷地区栽培，并在秋末至早春时，夜晚十点至凌晨二点给予 3~4 小时的照明（可用定时器自动设定开关时间）。这有点类似长日照效果，植株应可在持续照明两个月左右后开花。若嫌照明很麻烦，可改种花形同样娇美的丽格秋海棠或圣诞秋海棠。这两种属短日照性植物，在平原地区可于冬季至春季自然开花。

过完年，菊花花谢叶枯，还能继续种吗？

A 盆栽菊花于花谢后，叶片也随着老化脱落，此时可移至户外，将植株地上部剪除至只留主茎基部 5~10 厘米，稍行浇水和酌施薄肥。等到春天，植株应可由主茎基部长出侧芽或由根部长出新嫩枝。待芽体或嫩枝长至 10~15 厘米时，可剪顶端 5~10 厘米长的枝条作为扦插苗。2~3 周发根后，再将之定植于盆中。

或者也可直接以根部长出的新嫩枝进行分株繁殖，也就是将新嫩枝连同根部（修剪老根后）定植于盆中，并正常浇水和施肥作业。其应可在当年秋、冬季开花。

紫龙现爪

沽水流霞

藕粉托桂

菊花的栽培品种超过 2000 种，花形、花色变化丰富。

向日葵种子适合在哪个季节种？要怎么种？

A 向日葵生长适温 15~35℃，故在亚热带几乎一年四季均可生长良好。种子发芽适温 22~30℃，故播种以春、秋两季最适合。向日葵播种时应将种子点播入土约 1 厘米深，经 5~7 天可萌芽，待苗本叶（子叶不算）4~6 片时再移植。亦可将种子直接种在盆内或栽培地点，但最好要用 20 厘米以上的盆。

植物小档案 向日葵

向日葵是菊科的一年生草本植物，原来只作为观赏用途，后来由前苏联发展出可供榨油的新品种，并传至世界各地，成为仅次于大豆的世界性油料作物。

向日葵品种繁多，一般可依株高分为高性和矮性的品种：高性品种株高 1~3 米，适用于榨油或做葵花子用，以及切花或庭园栽培，矮性品种株高 40~80 厘米，较适合盆栽或花坛用。

摄影／王士豪

松叶牡丹要何时播种？ 怎么照顾？

 松叶牡丹种子细小，在 25~30℃ 照光下约 10 天发芽，发芽后 3~4 周即可开花。所以建议在 3~4 月间播种，即可于夏天欣赏盛花不绝的松叶牡丹。松叶牡丹对土质要求不苛，但以排水良好之砂质壤土为佳。

松叶牡丹虽然耐旱，但如希望生长正常及开花情形良好，则需要供应充足的水分，不然肉质茎容易枯萎，尤其夏季晴天时应每天浇水，但切忌积水不退，以免太湿导致腐烂。

植物小档案 松叶牡丹

松叶牡丹为马齿苋科一年生肉质草本植物。茎具有匍匐性，细长多分枝，叶片肉质肥厚，与松叶十分相像，花顶生，花形像牡丹。

松叶牡丹有单瓣与重瓣的品种，花色丰富，可惜花朵寿命短暂，上午开花，午后即谢。

另有一种植物，其习性与松叶牡丹十分相似，就连花的形状与颜色也都差不多。两者的差别仅在它的叶子的形状像马齿般呈宽平状，因此称其为"马齿牡丹"。

摄影／王士豪
松叶牡丹

摄影／王士豪
彩虹马齿牡丹

马齿牡丹可以扦插分株吗？

 马齿苋科植物类的草花很适合用扦插方式繁殖，从母株剪一小段分枝，再直接插入介质里就可以繁衍生长，待植株开始生长时最好是放在大太阳底下让阳光全日照射，花会开得更漂亮。

步骤1 剪取无花苞的分枝。

步骤2 去除分枝下端叶片。

步骤3 将分枝插入介质，一天之后再浇水。

摄影／王士豪

种美女樱要用哪种土比较合适？

美女樱性喜温暖、日照充足的环境，不耐阴、不耐潮湿亦不耐干旱。因此盆栽介质应具有良好的排水性和保水力，例如砂质壤土、粗砂、泥炭土和细蛇木屑以2：1：1：1混合，或者泥炭土、蛭石和珍珠石以2：1：1混合均属理想。

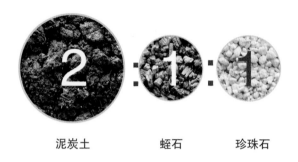

泥炭土　　　　　蛭石　　　　　珍珠石

美女樱花色鲜艳且富变化。

金针花海好漂亮，可以在家种几株来欣赏吗？

想要栽培金针花并不困难，且庭园栽植和盆栽均适合，全日照、半日照均理想。金针花性喜温暖至高温，生长适温约15~28℃，栽培土质以富含有机质的肥沃砂质壤土最佳。生长期间给水须充足，但也应注意排水。除基肥外，每1~2个月施用一次追肥。盆栽若新株丛生拥挤，就须换更大盆或采取分株栽植，才能生长、开花良好。

金针花也叫萱草，兼具观赏和食用价值。

摄影/陈坤灿

友人送我一盆金线莲，该怎么照顾？

 金线莲为兰科植物，原生在中海拔的阴、湿环境中，喜欢弱光、冷凉和高湿的环境，户外栽培一定要行遮光，或在室内近窗口处栽培。金线莲生长适温 15~25 ℃，若低于 10℃应移至室内。金线莲喜潮湿但不能积水，且须在通风良好的场所，否则根部易罹病，因此栽培介质宜干净且排水、保水性皆良好（例如：腐叶土、蛇木屑、碳化稻壳和珍珠石以 3：3：3：1 之比例混合）。

摄影／陈坤灿

金线莲叶面有优美的金黄或黄白色条纹，也是珍贵的药材。

金线莲花谢后可以收种子再种吗？

金线莲若顺利度夏应可在秋季开花。花谢后种子在自然界不易萌芽（须以组织培养的无菌播种方式才易发芽，与其他兰科植物相同），因此花谢后应即剪除花梗和一部分叶片，以促进侧枝萌发，利于来年的生长和开花。

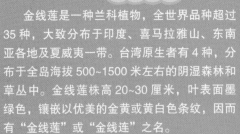

植物小档案　金线莲

　　金线莲是一种兰科植物，全世界品种超过35种，大致分布于印度、喜马拉雅山、东南亚各地及夏威夷一带。台湾原生者有 4 种，分布于全岛海拔 500~1500 米左右的阴湿森林和草丛中。金线莲株高 20~30 厘米，叶表面墨绿色，镶嵌以优美的金黄或黄白色条纹，因而有"金线莲"或"金线连"之名。

　　金线莲叶背呈紫红色，约每年 9 月抽薹，10~11 月开花，红褐色的花梗着生数朵乳黄或乳白色的小兰花亦相当优雅。故金线莲原本应是种兼具观叶和观花价值的小型兰科植物，然其最大功能却不在此而是药用效果。根据民间传说和皇宫书籍记载，金线莲为极珍贵的生草药材，全草为滋补强壮剂，味甘、性凉，有清热退火、凉血固肺、祛伤、解郁、开中气之功，对肝病、高血压、心脏病及糖尿病亦有奇效，甚至具抗癌功能。然而亦有人对其药效抱持质疑的态度，因其科学性的药性研究至今仍十分缺乏。

为什么把薄荷分盆后，新枝细长且叶子都小小的？

Q18

 薄荷喜欢温暖湿润的气候，刚分盆的植株因根系受损，应给予充足的水分并避免阳光直射，待生长形势恢复后再移至日照良好处。假如根系受伤，吸水不足以供应地上枝叶的需求量，植株就会从枝叶顶端开始往下枯萎，枝条基部的老叶亦会逐渐黄落。但基部的侧芽因顶端枯死，顶芽优势去除，虽会萌发出新的枝叶，此时因植株大半枯死，体内累积的养分十分有限，所以新长出来的枝梢通常较细弱，叶片自然也较小。

薄荷四季都可以采收叶子使用。

薄荷细细长长、叶子都小小的长不好，怎么办？

Q19

 先检查根系，若仍有新根（白色细根）且没有腐烂现象，可将地上部枯萎的枝叶剪除，只留少数新长的枝叶，再加强浇水施肥管理，应可逐渐长成健壮植株。若根系已受损严重，建议将新长出的枝叶每 5~10 厘米剪一段，使用扦插方式繁殖，重新栽种。2~3 周生根后，新植株即又茁壮成长。

植物小档案　薄　荷

　　薄荷是唇形科的多年生草本植物，广泛分布于欧亚大陆和非洲、美洲等温暖地区。常见种类除中国大陆和日本原产的薄荷（野薄荷）外，尚有绿薄荷（留兰香）、皱叶薄荷、胡椒薄荷和芳香薄荷等品种。薄荷全株具芳香，于夏、秋雨季在叶腋开出淡红紫色的小唇形花，香气浓郁、清凉袭人。

摄影/王正毅

苹果薄荷

摄影/王正毅

柳橙薄荷

摄影/王正毅

金钱薄荷

为什么醉蝶花的种子发芽率那么低？

 醉蝶花采种容易，在成熟的长形荚果中含四排密生的种子，可于果实未裂开前收集风干，封存于阴凉处，供下次播种。但是醉蝶花种子发芽率偏低，小于 10%，具一般草本植物常见的种子生理性休眠。这种休眠通常在干燥贮藏后 1~6 个月可解除，此时的发芽率提高至 70%。

一般居家较简易的做法，是在 9~10 月气温变动的季节播下已经贮藏过的种子。播种介质可稍干，种子播后略覆盖蛭石，10~12 天后发芽。醉蝶花为直根系，较不耐移植，可用直播或容器育苗，栽培地的土层要有 20 厘米以上才会生长良好。醉蝶花性喜干燥而温暖的环境，对土质较不挑剔，只要排水良好即可；栽种时须保持盆土湿润，但是不可以积水，夏季则须多浇水，可忍受轻微的干旱。

摄影／陆莉娟

醉蝶花盛开时散发香气，花色有粉白、粉红及紫红等。

哪里有卖薰衣草的种子？种植要注意什么？

薰衣草喜欢温暖至冷凉的环境，在热带、亚热带平原地区越夏困难，大概只能当作一年生植物，每年须重新种植。秋季播种，可在隔年 4、5 月左右开花，但到了夏季就会枯死。假如能种在中、低海拔冷凉山区，会更适合其生长，春天播种，约夏、秋天开花，甚至可连续生长数年不会死亡。

在部分花市或花店可以买到薰衣草种子，近来因香草植物流行，薰衣草在花市日益普遍，因此亦可买回盆栽植株后再行扦插繁殖。

摄影／魏丽萍

薰衣草适合在秋天播种。

种了草花的种子，怎么照顾才能开出又多又美的花？

A 草花在幼苗时期，摘心可促进侧枝生长，增加枝叶密度和开花数，但花期较晚且花朵较小。若不摘心，而是将侧枝及侧花蕾均行摘除，则可加速开花且花朵也会比较大，但株形较直立且花朵数较少。

对花朵的影响	花朵数量	花朵大小	开花期
摘心	多	小	较晚
移除侧枝、侧花蕾	少	大	较早

为什么草坪会出现不平整的小草丘？

A 草坪一般以草块栽植。若要草坪更平坦漂亮，整齐划一，可将草块上的植株小心分开，均匀铺撒在整平的场地上，覆盖薄土，再浇水，细心照料。通常草坪是在栽植一、二年后才容易出现凸起小草丘，如果提早出现，可能是在铺植草块时，草块之间太过紧密，边缘植株往外伸展，相互拥挤而凸起。故建议草块间距3~5厘米，且间隙应填入土壤。若已凸起，改善之道在于加强修剪。以韩国草来说，修剪高度约5厘米，当长至7~8厘米时，即应修剪至原来高度，尤其是夏天时草坪长得较快，更应加强修剪。此外，平整的土地也较不易出现不平整的小草丘。

摄影／何忠诚

草坪的高度保持约5厘米最适当。

摄影／陈家伟

草剪专门用于修剪草坪，可轻松施力。

经过几波冷锋、寒流之后，草坪显得枯黄，怎么办？

 适用台湾平原地区的草坪植物，大都属于暖季草种，生长适温 27~35℃，较耐热但不耐寒。如果遭受 10~15℃ 以下的低温，它内部的生理代谢就会遭扰乱或破坏，造成生长减缓、草色衰褪褐化 (如百慕达草) 或呈紫红色 (如地毯草)，以致枯萎等寒害现象。

改善之道如下：

1. 低温期间以透明塑胶膜暂时覆盖草坪。

2. 冬季时停止或减少肥料 (尤其是氮肥)。

3. 减少修剪次数，并可让草株长得较高，以增加对低温的抵抗性。

假如草坪是种在山区较冷的地方，可选用耐寒的品种。暖季草种以假俭草、圣奥古斯汀草、白喜草、类地毯草和日本芝草较耐寒；而百慕达草、地毯草和韩国草的耐寒性则较差。

摄影／陈家伟

较冷的地方，可选用耐寒的草种。

秋海棠根部容易腐烂怎么办？

 秋海棠生长适温为 20~25℃，一般从秋天到隔年春天均可生长良好，夏天则因高温多湿，容易感染病虫害，导致根部腐烂。要避免此问题，应选用排水性较好的介质，植株的间距不要过密，保持通风。若发现病株则即刻拔除，避免传染。

植物小档案　秋海棠

秋海棠在园艺上还可分为七类：

1. 竹茎类秋海棠　5. 根茎秋海棠
2. 灌木状秋海棠　6. 块茎秋海棠
3. 四季秋海棠　　7. 冬花秋海棠
4. 蟆叶秋海棠

　　由于秋海棠人工杂交后代存活率很高，因此爱好者都热衷培育新品种。许多品种既可观花，又可观叶，叶色有绿、红、铜红、褐色等，变化丰富，格外讨人喜欢。

摄影／陈俊铭

彩纹秋海棠

摄影／陈俊铭

太阳秋海棠

四季秋海棠的叶子为何枯黄？

 叶子枯黄的原因可能有以下几种：

1. 日烧。四季秋海棠喜欢光线充足的环境，但若有太过强烈的日照直射时，易使叶片烧伤，尤其若在夏季高温时浇水，叶片上所滞留的较大粒水滴会产生"聚焦作用"（如放大镜聚光一样）而聚热，因此夏季应适度遮阴，平日浇水时避免水分停留在叶面上。

2. 缺水。缺水的典型症状就是叶片枯萎下垂和变黄。四季秋海棠周年开花不断，自然需要充足水分，尤其在生长快速时期，因此在叶片稍有枯萎下垂时，便应立即浇水。另外，在风较强的地方栽培四季海棠需注意可能会因为空气湿度不足而引起叶片尖端焦枯的现象。

3. 长期缺肥。植株长期未施肥或未换盆、换土，造成盆土养分缺乏，也容易导致植株衰弱，叶片枯黄。尤其缺钾时，很容易使叶尖和叶缘焦枯，可施用三要素液体肥料。若盆土已硬化则应换盆、换土。

4. 肥伤或药害。施肥过量或施用未经腐熟的有机肥料，使盆中盐类浓度太高或盆土发热，造成根系受伤、吸水受阻而导致叶枯黄。此时应停止施肥，增加浇水量以便将肥料洗掉；或者换盆、换土。此外，过量喷洒病虫害药剂，也可能使叶片焦枯，故需注意喷药的时间（避免中午，尤其是夏季）及浓度（不可任意提高浓度）。

5. 空气污染。四季秋海棠对臭氧和二氧化硫等污染物较敏感，因此，若栽培地点具有高浓度类似的污染物则易使植株叶黄焦枯。此种情形，可在靠近污染源方向以抗性植株或设施阻挡防护。

为何日日春枝干长出黑点然后整株枯萎？

 日日春为耐热性草花，但是不耐湿，遇到多雨的季节，无论是高温或低温的环境，都很容易发生病害。枝干上有黑点后枯萎，应以疫病和立枯病最为可能。防治这类病害的方法如下：

1. 选用干净无病的介质，且具有良好的排水性，例如添加珍珠石或河砂改善排水及通气性。

2. 盆栽间距勿太紧密，并置于通风良好的场所。

3. 浇水、施肥（尤其氮肥）勿过量以防植株徒长，并尽量避免淋雨。

植物小档案 日日春

日日春又名长春花，是原生东非热带地区的多年生草花，生性强健、耐旱、耐热、耐贫瘠，对空气污染的抵抗性亦强，是良好的夏季花坛植物或盆花。花色主要有红紫色、桃红色、白色及白花红心等，叶片青翠油绿。

摄影／郑锦屏

几盆草花植物上面长虫了，不知道是什么虫？

 危害花卉的小虫，大多是以刺吸式的口器，吸食植株的叶、花或枝条的汁液，最常见的有以下几种。

摄影／陈坤灿

蚜虫

体形细小，仅米粒 1/5 大小，多呈略透明黄褐色，常多数聚集在嫩芽、嫩叶、茎枝、花瓣等处，导致叶片皱缩、变黄、新芽枯萎、生长恶化，亦会传播毒素病或导致霉病。

摄影／陈坤灿

介壳虫

带着类似贝壳的外壳，幼虫期有脚可自由移动，但后期即退化固定；另有些介壳虫并无外壳而是表面附有粉状物，且有脚可自由移动（如粉介壳）。常群聚于植株叶背或茎枝上，危害处常发生黄斑，枯萎死亡，并发霉病或使叶片严重收缩成袋形。

摄影／陈坤灿

螨类

形似八脚蜘蛛，多为红色，故名红蜘蛛。体形细小，群栖性强，常于连续高温干燥时，寄生在叶背，致叶表出现黄斑或白色网状丝，严重时造成落叶。危害叶面的螨类称为叶螨；另有危害根部者称为根螨。

如果不想用杀虫药，该怎么杀虫？

 自制除虫药水

取洗衣粉 1 克（约半小匙）、红辣椒 25 克切碎或蒜头两大粒拍碎加水 1 千克，静置一夜后喷洒。其中洗衣粉稀释液对介壳虫、红蜘蛛、粉虱；红辣椒液对红蜘蛛；

加强喷洒在病虫喜好聚集的叶背、心梢处。
摄影／陈家伟

虫害去除，可再喷洒清水，去除残留药剂。
摄影／陈家伟

蒜头液对蚜虫，都有相当不错的防治效果。另外，若介壳虫不多，直接以棉花棒或毛笔蘸酒精亦可擦去害虫。

铺设反光纸板

大多数害虫厌恶强光，若在植株基部（如地面上或盆土表面）铺设反光纸板（锡箔纸亦可）可赶走多数的害虫。

设置黄色黏板

蚜虫、粉虱易被黄色吸引，故可悬挂黄色捕蝇纸或黄色黏板来捕抓。

买来的瓜叶菊为什么很快就凋谢枯死了？

瓜叶菊为菊科的草本观赏花卉，叶片大，形似瓜类，故称之为瓜叶菊。而会让瓜叶菊快速枯死的原因，通常是它摆在光线太强的地方了。此时，由于叶片面积大，蒸散作用较强，浇水来不及补充散失的水分。但如果给水过度，也有可能让介质透气不良使根系腐烂而死亡。

建议在选购时，不要挑选叶片太大的植株，并使用通气性佳的栽培介质，摆在半阴冷凉环境。在水分管理上，应等表土干了再浇水，且以一次浇透介质为原则。

植物小档案　瓜叶菊

瓜叶菊属一至二年生草本花卉，茎部直立粗短，植株高度多半不超过 30 厘米，其叶片状似丝瓜，具有绒毛，叶色翠绿而表面粗糙。花季盛开时，花朵呈现半球形状，每每将整株植物及叶片覆盖，相当醒目。花色有红、紫、白、蓝、黄、粉红，以及镶边混合色，提供赏花人多样化的选择。

摄影／徐忆龄

松叶牡丹开花一阵子之后，像是要枯死了，怎么办？

A 松叶牡丹对土质要求不苟，但以排水良好之砂质壤土为佳。其虽具耐旱，但若希望其生长良好，则不论盆栽或露地栽都须注意浇水，一旦失水则肉质茎易凋枯，尤其夏季晴天时应每天浇水，但切忌积水不退，以免太湿导致腐烂。如果松叶牡丹枯萎不是缘于浇水，就可能是植株因低温、低光或上述原因加上开花后植株衰弱而枯死。建议您可于明年春天进行播种（温度已经维持在15~20℃以上时）或选购开花小苗，即可在夏天欣赏盛花不绝的松叶牡丹。松叶牡丹种子细小，在25~30℃日照下10天发芽，发芽后3~4周开花。

摄影／章锦瑜

松叶牡丹是耐晒、花色又多的地被植物。

(换)(盆)(与)(施)(肥) ————————————

买回来的草花植物需要换盆吗？

A 花市贩售的小盆草花通常只种在10厘米的黑软盆内，由于大多已具花苞甚至已开花，如果根系良好可以直接取出套上硬盆观赏。若想移植、组合到较大花器，可先将根团小心取出，以刀具或手轻轻除去根团外围的硬化培养土和老化的根部，再换入较大的盆子或花箱中。

先在新盆子或底部装入1/3的培养土，放入植株后再于周围填满培养土。培养土通常要较原根团土面高3~5厘米，再以手轻压培养土使其与原根团高度一样，这样可以让根系与培养土紧密结合以利吸水。换盆后，应摆置于阴湿处数天，待生机恢复后再移至向阳处。

摄影／王耀贤

脱盆后，松开纠结根部并修剪掉老旧废根，再植入新盆子。

过年时买的应景菊花该怎么延长欣赏期？ **Q33**

A 盆栽菊花一般在秋后至春节期间上市，选购时应选择花朵已开七八成以上，株枝与叶片茂盛挺拔、健壮者。菊花的花朵尚未盛开时，需要充足的阳光和水分才能使花朵盛开且颜色鲜明，因此菊花可先摆置于阳台、窗台或室内光线充足处，等到盛开后再移到室内欣赏。**每个月再补充一次磷、钾为主的追肥以延长花期。**

摄影／李国良
菊花的花语是：清净，高雅。观赏价值高。

摄影／Danny
搭配高雅的花器便具有富贵感。

金线莲需要施肥吗？ **Q34**

A 金线莲由于生长缓慢，故需肥不多，**春、秋两季生长较旺盛时，每2~3周施一次稀薄液肥即可，**夏、冬季生长停顿或缓慢，可不施肥。温度较高的平原地区夏季最不适合金线莲生长，此时应加强遮光和喷雾以保湿和降温。

草坪要施哪种肥料才可以常保翠绿？

A 草坪是长期作物，若使用花宝之类的速效肥需经常施用，不符合经济效益，最好以长效肥为主，例如奥妙肥、苗保、好康多、仙肥丹等等。此外，草坪可算是"观叶"植物，氮肥比例应较高些，一般适合草坪的氮、磷、钾肥比例为 3：1：2，因此像奥妙肥 2 号 (18-6-12)、苗保 1 号 (18-6-12) 或好康多 2 号 (16-5-10) 均是不错的选择。

高氮配方，观叶植物与草坪都适用。

摄影／陈家伟

误把速效肥料施在草坪上面怎么办？

A 草坪是长期作物，若施用速效肥没有过量，还不至于造成肥伤，只是速效肥需经常施用，较不符经济效益。

草坪上误施速效观叶肥并无大碍。

摄影／陈家伟

草坪需不需要施肥？建议多久一次？

A 草坪施肥一年约 2 次，施用期以 4~5 月和 8~9 月各施一次为佳，用量每年每平方米 25~50 克，可选择氮肥比例较高的肥料，促进草坪浓密生长。

为何非洲凤仙花长得高大，花却开得稀疏？

Q38

如果是买回来的非洲凤仙发生此情形，应该是氮肥施用太多、植栽密度不够之故。此时单株生长空间较大，故其拼命生长，而不开花。若其属于开花后的自生苗栽培而得，这可能是因为平常买回的非洲凤仙种子为杂交第一代的种子，其具有父母优良特性基因，植株矮小，分枝多，花数多且花色艳丽；而对于自生苗，基因中不良的状况很容易表现出来，就变为植株高大、分枝少，花数少或花色变浅变淡。再加上环境及上述栽培方式的不当，植株生长高大而开花不理想的状况也就发生了。

植物小档案　非洲凤仙花

非洲凤仙为凤仙花科的一年生或多年生草本植物，原产于非洲东部。喜欢明亮的光线，但在稍微遮阴的地方亦可开花良好。花形有单瓣或重瓣，花色有桃红、紫红、橙红、白或白色纹瓣等色，花期特长，几乎全年可开花，平地则以秋至春季最为盛开。

摄影／何忠诚

如何让非洲凤仙花朵数量大增？

Q39

若要增加非洲凤仙花朵数，自小苗时就要加强摘心促使其多分枝，使植株矮化且花数增加。此外，充分的光照、充足的水分和加强磷、钾肥的供应，亦有助于开花。如果依照上述作法，仍无法使其开花达到满意的程度，说明它自生（或是自行留种后栽培的植株，也就是学术上讲的"杂交第二代"）的退化现象过于严重。此时应重新购买种子（杂交第一代种子，也就是市面上有品牌且包装完整的种子）来栽培，且尽量不要自行留种；或将原植株剪取健壮的枝条（每枝 6～8 厘米）作为插穗扦插栽植。

摄影／何忠诚

剪取非洲凤仙花的顶芽做扦插，生根及生长速度都快。

如何让五彩辣椒多结些果实比较漂亮？

A 观赏辣椒喜欢高温干燥的环境，低温时生长缓慢，通常是在春季自顶端开出白色小花，花后即结成果实，其着果期约为晚春至秋季。在三月气温回升后，可多施用含三要素的液肥并给予充分的日照。其应可在四、五月开花。接着再多施以磷、钾肥为主的肥料以促进结果。夏季则应行遮阴并摆放在通风场所，若想多结果实则应于事前先行摘心，以促进侧枝的萌发而增加开花及结果数。

植物小档案　五彩辣椒

五彩辣椒即观赏辣椒或朝天椒，普通辣椒为茄科一年生草本植物，属辛辣类蔬菜。然而因为辣椒属于容易杂交育种的种类，因而培育出了不少果形和果色具有观赏价值的种类，这一些品种称为：观赏辣椒。

观赏辣椒的果形有球形、帽形、角锥形、樱桃形和长形等；果色更是变化多端，一开始呈绿色，随成熟过程逐渐转变成黄白色、紫色、橙色至红色。因此同一植株因各个果实的成熟度不同，会显现出多种色彩，这也是五彩辣椒得名的由来，可谓食用、观赏两相宜。

摄影／邱如仁

美女樱的花开得不理想怎么办？

A 美女樱为草本花卉，从花市买回来通常是已带有花苞的10厘米软盆，以后可单株定植至15~20厘米盆，或者3~5株合种在长形花箱中更具美化效果。定植后的美女樱除例行浇水外，生长期间2~4周追施一次化肥。想要让它开更多的花，可进行摘心以促其长出侧枝。美女樱生长适温约10~25℃，夏天气温炎热，需要稍加遮阴。花谢后若不采收种子，应将残花老枝剪除，并施以追肥，如此可再萌发新枝而陆续开花。

摄影／陈家伟

裂叶美女樱

香雪球要怎么种才能有整片花海？ Q42

A 香雪球通常在冬、春两季开花，若要开花良好，需要较充分的日照。栽培介质以肥沃疏松、排水良好的砂质壤土为佳，最好预拌泥炭土或长效化肥作为基肥，每月再施用一次三要素液体肥料，以免徒长且开花稀少。另外，应注意梅雨季节勿长期淋雨，以免盆土过湿，根部腐烂。

若遇高温的天气，应将盆栽暂移通风凉爽处，以延长花期的观赏价值。花谢后香雪球能结种子，可于成熟后采取，以封口塑胶袋加干燥剂贮存，于秋、冬季节再重行播种。

摄影／陈坤灿

香雪球盛开时，每株开花数百朵密布于叶梢之上，如皓皓白雪。

　　亚热带地区一年四季都可欣赏到球根类植物生长、开花，其中像郁金香这类温带球根植物，因亚热带地区平地气候温暖，只能在秋冬引进种球来栽种。而石蒜科的球根植物，如：孤挺花及原生的金花石蒜则可在春夏季展现美丽的花容。

球根篇

基本知识

什么是球根植物？

 球根植物最大的特色，就是会将养分和芽体贮藏在地下的茎或根部，这些茎、根都会特别肥大。其分类又包括鳞茎、球茎、块茎、块根和根茎。当生长周期结束，地上部的茎、叶凋萎，只剩下球根进入休眠期，等待下一个生长周期，再重新萌芽、生长、开花。常见的球根植物有：水仙、郁金香、风信子、野姜花、孤挺花……

摄影／陈家伟

葡萄风信子

摄影／王耀贤

野姜花

看到花市在卖球根，要怎么选、怎么种？

 健康结实的球根，才能长出健壮的植株，开出美丽的花朵。挑选球根，先选外观没有发霉、虫咬痕迹的，再拿在手上挑选重量扎实，而且整颗充实饱满者。买回来之后，可在盆底放入一些石头、蛇木或蛭石（帮助排水，不会闷住球根）。接着铺一层土再把球根种入，填满土壤。建议13厘米的盆种植1球，15~20厘米的盆种植2~3球。大约2个月即可赏花。

表面可覆盖水苔，帮助保湿。

在花市买到风信子的球根，老板说用水就可以种了，是吗？

Q45

风信子是属于鳞茎类球根植物，可以用水耕方式栽培，只要把握水位宜浅以及先暗后光的原则。将风信子鳞茎放置于水器中，在未长根前，只需让鳞茎底部 1/4 浸到水，放置在室内凉爽黑暗处，室温保持 10~15℃ 较佳。经 1 个月左右会长出根系，等根充分生出后，将水位降低，让根系仅有一部分浸水，另一部分则暴露于空气中以利呼吸。当水位太低则适度加水补充。

当鳞茎顶端开始萌发且长出新叶时，应逐渐增加光照，适宜温度为 15~20 ℃。当花茎出现后，则可每天接受 1~2 小时的直射阳光，使叶片和花茎发育健壮。但日照时，应经常调整受光方向，以免风信子的花茎偏向一边生长。

花茎出现后，每天可接受 1~2 小时的直射阳光。

风信子小花密生成圆柱状，散发阵阵宜人幽香。

孤挺花冒出许多小球茎，可以分株种植吗？

Q46

孤挺花一般居家可采用播种、分球法和鳞片繁殖法来繁殖。分球法是最容易的一种方法，只要以利刃将小球茎连同根部自母球分离，去除硬结的旧土，剪除缠绕老化的根，再将小球茎上的叶片上半部剪去，即可种植于盆中。

分球的小球茎（子球）直径必须在 4 厘米（小花的外来种）或 6 厘米（大花的改良种）以上才可能在栽种后一年内开花。若球茎太小，则栽种后 1~2 年以上才能开花。因此，可以现在直接分球，或等小球茎长大一点才分，而分球繁殖最适宜的季节为春、秋两季。

摄影／何忠诚

由于花茎孤立挺出，高于叶片，因此得名孤挺花。

从竹子湖买回了白花海芋，要用什  么土种？

白花海芋原产于沼泽湿地，喜欢湿润、肥沃的土壤，所以种植海芋的介质，以富含有机质且稍带黏质者最合适。可在盆底放置有装水的水盘，以维持土壤的湿度，在半日照、全日照环境它皆可生长良好。

海芋的生长适温为 15~20℃，若温度及营养条件适当，每一主茎一年可分化 6~8 个花芽。如果在平原地区种植，夏季的高温，可能会使发育中的花苞消蕾而影响开花。

摄影／叶子

白花海芋高洁素雅，属水生型海芋。

君子兰要怎么照顾？日照要多吗？

君子兰并不是兰花，而是石蒜科的球茎植物，喜欢温暖及半阴的环境，生长适温约 15~25℃ ，当温度高于 28℃或低于 5℃，生长即处于停滞状态。因此君子兰在平原地区以春、秋天生长最旺盛，冬季寒流期间虽生长缓慢，但仍不致受到寒害。最不耐的季节就是高温、强光的夏季，需给予遮阴以降低温度，或移至阳光未直射且通风处，并可加强浇水量，以喷雾器喷洒叶片以提高湿度，肥料则应减少或停施。

摄影／王正毅

君子兰原产于南非洲，叶形与剑类似，故又名"剑叶石蒜"，也有人称"圣约翰百合"。

听说百合的鳞茎可以冰起来一阵子再重新种，是吗？ **Q49**

假如对百合栽培有兴趣，可尝试以下做法：

步骤 1 花谢后，地上部的枝叶会逐渐枯黄，待枝叶全部干枯后，将地下肥大的种球挖起。

步骤 2 去除腐败的老鳞片、花茎残体，以湿的水苔包好放入塑胶袋中，打些小洞增加透气。

步骤 3 此时百合种球已进入休眠，必须经一段时间的低温，才能打破其休眠。若低温不够，可放入冰箱冷藏室，经过6~10周再取出，于秋天种植，即可在春夏时顺利开花。

摄影／何忠诚

铁炮百合花

铁炮百合要怎么分株及鳞片扦插？ **Q50**

一盆成株的铁炮百合，可以产生数个小球，利用分球的方式就可达到繁殖目的。越大的子球所需养球的时间较短，且到达开花的时间越早，一般球茎直径约达5厘米以上才具备开花的能力。但若想得到大量种苗，可在入秋后当地上部分枯萎时，取出鳞茎的鳞片扦插。

步骤 1 选取鳞片，取下鳞茎上健壮的鳞片。

步骤 2 待伤口收口再行扦插，等候发根、长出新球茎。

步骤 3 12~15周之后再生的小球茎。视品种不同，必须经过1~3年的栽培才能开花。

摄影／何忠诚

君子兰要怎么分株繁殖？多久会开花？ Q51

君子兰的分株在春、秋两季进行较适合。分株繁殖则一般在开花后进行，选择自成株基部所长出的强壮小苗株，用手或刀具小心切剥分离，先植于 13~15 厘米盆，待幼苗长大后，再移植换盆至 26~35 厘米或更大的盆子，以促进根群生长。盆土以富含有机质的疏松土壤最佳（如将壤土、蛇木屑和腐熟有机肥以 2∶1∶1 比例混合）。刚分株或移植的盆栽，宜充分浇水并置于阴凉通风处，待确定成活后再开始施肥。分株的苗株在正常生长的情况下，应可在两年内开花。

摄影／陈坤灿

君子兰

白花海芋的浇水和施肥要注意什么？ Q52

由于白花海芋较喜欢冷凉的环境，夏天植株生长停顿进入休眠，因此白海芋在春天花谢后应逐渐减少供水，至夏季植株枯萎时则应停止灌水，一直至 9 月时再开始浇水和施肥（若要分株或换盆，也是在这个时候最适合）。随着植株叶片的开展，浇水量亦须逐渐增加，并酌施液肥，如此应可如期在冬、春季开花。

 植物小档案　海　芋

海芋属天南星科，为多年生的球根花卉，其地下根茎肥大成块状，而且多半生长在水田或湿地中，因此称为海芋或水芋。此外，我们看到的海芋，其实并不是真正的花，而是在花序外围保护花序的苞片，特称为佛焰苞，颜色有纯白、金黄、浅黄、粉红及紫红等。纯白色种类称为白花海芋或白色海芋；其他色系种类则统称为彩色海芋。

其实，并不是所有海芋种类都适合生长在水中或沼泽地。例如彩色海芋就属陆生型海芋，适合旱地栽培，但很适合用于居家瓶插观赏。

彩色海芋

彩色海芋属陆生型海芋，较白色海芋耐旱，花色鲜明，瓶插寿命长。

图片提供／台北花市

白花海芋

为什么大岩桐的茎，愈长愈细长呢？

 大岩桐生长快速，但是如果它的茎长得又细又高，可能的原因以及改善方式如下：

1. 日照不足。大岩桐虽然不喜欢直射的阳光，但是仍需要有明亮的散射光，才能生长健壮且开花良好。若长期置于室内，光线不足就会造成叶色浅绿、植株细长柔软的现象。改善之道应将植株移至窗边或阳台上较明亮的位置。

2. 浇水过多。大岩桐若放室内，水分蒸散少，应在盆土略干时再浇水，若浇水过多则易引起植株徒长或根部腐烂。此外，大岩桐叶面上布满绒毛，浇水时应注意避免浇及叶面及花朵，以免造成斑点或腐烂。

3. 氮肥过度。植株施用过多氮肥，容易造成生长快速且徒长的现象，此时应停止或减少氮肥的施用。例如可施花宝 1 号（氮、磷、钾比例为 7∶6∶19）等类似配方的肥料，或是施以有机肥改进。必要时可喷施矮化剂（如巴克素、克美素等）以矮化植株。

生长快速、花色丰富的大岩桐。

大岩桐花谢之后怎么照顾？

 花期在春、夏季，花谢后应立即摘除残花，以减少养分的消耗。其花谢后至秋冬季，枝叶会逐渐枯黄而休眠，此时应减少浇水并停止施肥。块茎可留置盆内越冬，隔年春天新芽萌发时，再调配新的培养土重新栽植，并恢复浇水施肥，约 3 个月后便可再度开花。

大岩桐常见的花色还有紫、深蓝、红、粉红、白色等，花瓣质感如丝绒。

台湾百合为什么只开一次花就没再开了？

Q55

 台湾百合固然有旺盛的生命力，但仍需适当的环境条件和栽培管理才能连年开花。

不再开花的可能原因如下：

种球不够肥大

百合开花后，地上部枝叶枯萎，养分会往下运送形成新种球，于下一季重新抽茎开花。假如栽培时的光线不足或浇水施肥不当，使新种球不够充分肥大，就会只抽茎长叶而无法开花，且植株愈长愈小。

种球染病或腐烂

台湾百合若作为庭园栽培，容易感染毒素病或其他病害，或者因为浇水过多导致种球腐烂受损。此时应挖起种球检查，若腐烂受损情形不严重，可以杀菌剂稀释 1000 倍浸置 30 分钟，再换土重新栽培。

低温量不足

台湾百合至少应有 20℃ 以下的凉温，且持续两周以上才易开花，假如冬季低温量不够，就有可能导致无法顺利开花。遇此情形可将种球挖起，以水苔包裹保湿，再套入打洞的塑胶袋，放入冰箱冷藏室 6~8 周，再取出种植。

摄影／陈坤灿

台湾百合素雅清芳，为台湾原生种。

郁金香凋谢之后，还会再开花吗？ **Q56**

A 市场上贩售的郁金香，几乎都是每年秋冬季由海外（尤其是荷兰）进口种球所育，而且大多已经冷藏处理，故可直接栽植于盆中。由于郁金香是属于温带性花卉，在其他温度带地区开过花后，除非挖起种球，经过一道道繁琐的贮藏、变温处理方式，才能再次种植、等待开花。所以通常一次开花之后，就可将其当消耗品丢弃，来年再购买新的种球或盆栽来种植、赏花。

摄影／王耀贤

郁金香的杯状花形和丰富花色，有球根花卉之后的美誉。

要怎么促使君子兰的花茎抽长和开花？ **Q57**

A 如要避免君子兰叶里夹花，可以用人工的方式来弥补气候条件上的不足，以促进开花：

1. 在抽茎期间延长照明或半夜照明 2~4 小时，制造长日照效果。

2. 在花茎抽出期间生长量较大，应加强浇水量。

3. 增加施肥次数，除氮肥外，应添加磷、钾肥较多的速效肥料。或到农业资材店购买磷酸二氢钾，调配成 0.2％ 的浓度，直接对叶面喷洒，更能提高开花品质。

磷、钾肥较多的速效肥料。

摄影／陈家伟

多肉植物篇

多肉植物模样圆润可爱，姿态与颜色变化丰富，而且部分品种除了欣赏它的造型，也会开出有香味的小花朵；不论单品种植，或是搭配风格盆器，作为多肉组合盆栽，都是强健好照顾的疗愈系植物。

多肉植物篇

什么是多肉植物？

Q58

A 多肉植物是专指那些植物，其叶、茎或其他部位，大多为适应干旱环境而特别发育成变形肥厚，以贮存较多的水分。其原生地大多分布在沙漠地区或海滨盐分地。多肉植物肥厚多汁的外形与一般植物大异其趣。其种类繁多，造形变化万千，常见的种类包含景天科、仙人掌科、大戟科、百合科、番杏科、菊科和萝藦科等。仙人掌也属于多肉植物，不过因其种类繁多，又有着多刺的独特外形，因此单独归为仙人掌科。

摄影／陈家伟
绿之铃

摄影／陈家伟
花月夜

摄影／陈家伟
新玉缀

摄影／陈家伟
筒叶花月

多肉植物还分成夏季型、冬季型和春秋型，它们代表什么意思？

Q59

A 多肉植物依生长季节，分成夏型种、冬型种和春秋型种，在非生长期间，给水要特别限制，以免植株容易腐烂。

夏型种：

冬季休眠，夏季生长，市场上能买到的多数品种都是夏型种，每年4~9月为生长期。常见的品种有：唐印、江户紫、月兔耳、雷神、爱之蔓、火祭……

冬型种：

夏季休眠，冬季生长，每年9月至隔年4月为生长期，炎热的夏日极容易枯萎。常见的品种有：十二之卷、龙鳞、宝草、玉露、乙女心、虹之玉、万年草……

春秋型种：

夏、冬季节休眠，春、秋季节生长。常见的品种有：荒波、四海波、怒波、银波锦、福娘、熊童子……

多肉植物在生长期，若状况良好，还会开花。

江户紫迷你而繁多的花蕊。

栽 种 与 照 顾

多肉植物该怎么照顾？

Q60

A 多肉植物的栽培管理与仙人掌类植物类似，应把握强光少水的原则，亦即光线要强、水要少浇。最好将多肉植物摆设在每天阳光直射两小时以上的地方，才能维持健壮的外形。

多肉的种植环境需阳光充足。

仙人掌、多肉需要施肥吗？

Q61

A 仙人掌生长速率较缓慢，且生长期短，如施肥过量，反而有害，容易造成根部腐败。故一般施肥多在新植或换盆时，给予充分的基肥，基肥可使用腐熟的有机质肥料，或长效性化肥。另外在生长旺盛的季节（通常在春、秋季），可酌量每3~5周施予一次液肥作为追肥。

仙人掌要多久浇一次水呢？

A 仙人掌类植物固然极为耐旱，但不代表其生育过程中只需要很少的水分。通常，植物在生长旺盛时期需大量水分；生长缓慢或休眠时期则应节制浇水量。因此，仙人掌植物通常在冬季应减少浇水或不浇水；有夏季休眠习性的种类在夏天亦应控制浇水量（而对耐热的种类则夏天应加强浇水量，并可对植株喷水雾）。春、秋季是大多数仙人掌类植物的生长期，应充分给水。

对于盆栽植物很难明确说出几天浇水一次，因盆器材质和大小、使用的介质、季节和摆设在室内或室外均会影响浇水的频率，所以应以介质的水分状况作为浇水判断。对仙人掌或者多肉植物而言，大概在盆土接近干燥时再浇水，且每次浇水就要浇到水由盆底流出。

为什么多肉叶片变薄、变淡甚至烂烂的？

A 原本肥厚的叶片变薄、颜色变淡或长出畸形的叶子，原因多半是光线不足，应赶快移至光线较充足的场所。此外，由于多肉植物肥厚的茎、叶可储存水分，所以它具有耐旱不耐湿的特性。叶片变黄、枯萎或腐烂，通常是由于浇水过多或在露天环境

下逢多雨的季节，造成盆土积水、根部受损所引发。此时除应控制水分供应外，最好同时更换栽培的介质。多肉植物通常应等盆土的一半以上已干燥了再浇水。

蝴蝶之舞锦

当光线不足时，茎会抽高徒长，失去原本肥厚美丽的外形。

养了很久的爱之蔓，叶片开始变黄掉落，怎么办？

爱之蔓的茎蔓虽可长达 1 米，但太长的茎蔓代表植株可能已生长相当的时日，此时的茎蔓老化、基部叶片脱落属正常现象。若种植时间不长就出现此现象，则和栽培环境、土壤介质的关系较大。建议将植株移至光线较充足但不会直射的地方，以免叶片的白线脉纹变淡、茎蔓徒长、基部的叶片早落。此外，爱之蔓耐旱不耐湿，需要疏松、排水良好的介质。因此若介质硬化，造成排水不良，也会造成根系生长受阻、叶片黄落的现象。建议可在春、秋季换盆、淘汰更换不良介质。

摄影／陈家伟

爱之蔓细长的茎蔓，能匍匐地面或是悬垂生长。叶片呈心形小叶，十分讨人喜欢。

为什么螃蟹兰开过花就不再开了？

螃蟹兰属于短日照性植物，每天日照应短于 12 小时才容易形成花芽，进而开花，假如夜晚有光源照射，就会抑制花芽形成。另外还有温度也会影响日照效应，当温度低于 15℃时，即使日照稍长也可形成花芽；但若温度高于 21℃，即使在短日照下仍不易形成花芽。

如果您的螃蟹兰是蟹叶仙人掌（Schlumbergera），正常花期是在 1~2 月。如果是蟹足仙人掌（Zygocactus），花期约在 11~12 月间。过了此期间却没开花，则可能是遇到暖冬、温度下降较慢的缘故。还有一种是莲叶仙人掌（Rhipsalidopsis），花期则更晚，在 3~4 月间。

摄影／陈坤灿

螃蟹兰扁平的叶形，就像是秋蟹的脚。

多肉植物的介质要怎么调配？

A 多肉植物大多耐旱耐寒，怕潮湿闷热，在日常给水、介质调配与环境通风度上，遵循了此准则，就能避免植物根系、叶片腐烂，确保多肉植物的健康。种植多肉常选择以下几种介质，可单独使用，或依环境混合使用。调配原则是需维持介质空隙的均匀比例，孔隙过小会让植物根部无法透气，孔隙过大会导致排水过快，让保水和保肥度降低。原则上多肉植物的介质比例，建议保水性介质（泥炭土、水苔、蛭石）占 1/3，而排水性介质（发泡炼石、珍珠石、粗沙等）占 2/3。再视实际情况调整。

摄影／陈家伟

多肉的介质首重透气。

| 发泡炼石（细） | 赤玉土 | 唐山石 | 珍珠石 |
| 泥炭土 | 蛇木屑 | 水苔 | 蛭石 |

摄影／陈家伟

为什么多肉叶片上出现黑黑的斑点？

 叶片上出现黑色的斑点，应是患了细菌性斑点。病原细菌会危害叶片，造成叶片干枯，亦会危害果实、叶柄、茎及花序，造成植株腐烂坏死。此病也可经由种子、种苗及土壤带菌传播，故需慎选健康种子、种苗及洁净的培养土。如果已经发生，可尽快剪除病灶的地方。

多肉植物感染细菌性斑点。

扦插种植的芦荟，为什么叶片颜色变淡、斑纹也不明显？

植物扦插繁殖时，由于根系尚未充分建立，水分吸收有限，因此不宜接受全日照。但是等到根系健全之后，像是芦荟这类阳性植物，还是要移到全日照的环境下。假如长期光线不足，叶片颜色就会越来越淡、叶面斑纹也越不明显。要使它回复翠绿，可逐渐移至光线充足处，再增施一些速效性的肥料即可。

芦荟喜欢强光，只有扦插时须避免阳光直射，之后需日照充足。

听说多肉植物的分枝可以再种成另一盆?

A 群聚或丛生的多肉植物,可以分出带根的小植株另外种植,而且成活率很高。切取子株时,应用消毒过的锋利刀片切取,切口要保持平滑,并在母株及子株的切口上涂抹亿力或大生粉等消毒药剂。切下的子株放在通风半日阴处,阴干时间约1~3天,待切口干后,再扦插于排水良好的介质(如河砂或珍珠石)中。扦插后应适度遮光,少量浇水,约20~30天可发根成活。

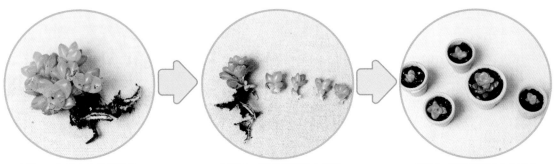

步骤1 将健康的植株脱盆　　步骤2 切下带根的小植株　　步骤3 阴干后再种入介质中。

摄影/陈家伟

听说取多肉植物一片叶子、一小段就可以繁殖?

A 多肉植物的繁殖通常采枝插或叶插繁殖,以春、秋季较适合。其中叶插法虽可繁殖较多数量,但生长小苗的速度较慢。由于小苗株(连同新根)是由叶片基部切口处形成,因此这部分一定要贴近介质。介质应选排水良好的蛇木屑、粗砂或珍珠石等,少量浇水,保持半干旱状态,3~4周可长出小苗。枝插法繁殖是切下顶部繁殖,其原理及作法与叶插类似,但一次繁殖的数量较少,不过小苗生长速度较叶插快。

枝插繁殖

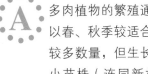

步骤1 切下顶部。　　步骤2 等切口干燥再插入土中等待长根。

摄影/陈家伟

叶插繁殖

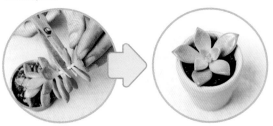

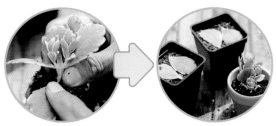

步骤1 取下叶片。　　步骤2 平放在介质上等候发根。

摄影/何忠诚

长得很茂密的爱之蔓，要怎么剪枝再种成另一盆？

 生长良好的爱之蔓，有 3 种繁殖方式，可获得新的盆栽：

1. 过长的茎蔓可剪下，2~4 节切成一段，浅埋于湿润而排水良好的介质中，等待发根、生长。

2. 取成熟的叶片连叶柄进行叶插繁殖。

3. 取叶脉处结生的圆形零余子，埋入土中繁殖。

爱之蔓的零余子。

攝影／郑锦屏

如果要种沙漠玫瑰的种子，该注意什么？

 沙漠玫瑰的繁殖方法有播种、扦插和高压繁殖法 3 种。种子播种的实生苗长大后，茎干基部肥大，树姿较为美观。每年 3~5 月间为播种适期（夏秋天亦可，冬天最不适宜），将健康种子播种于砂土上，保持些微湿度。幼苗出土后，茎枝木质化之前，不可淋雨或长期阴湿，否则极易腐烂。

攝影／陈家伟

沙漠玫瑰

观叶植物篇

随着绿化意识的增强，观叶植物已广泛用于室内外摆设，深受一般居家与公司的青睐。虽然它们较为耐阴、好照顾，但也非所有品种都可长期低光照。要维持健康生长，仍需留意光线、给水与营养补给等日常照顾。

观叶植物篇

什么是观叶植物？

凡植物的叶形或叶色美丽而具有观赏价值者，我们通称为观叶植物。它们一样可以开花，只是大部分观叶价值胜于观花效果。以下 3 种皆为观叶植物。

大银脉虾蟆草，又名思鲁冷水花，高约 20 厘米。

烟火秋海棠，叶面具有银色金属光泽。

红羽毛幸运草，叶片色彩与斑纹富有变化。

观叶植物适合种在哪里？

观叶植物由于大多原生于高温多湿、阳光不足的热带或亚热带雨林，耐阴的特性可适应室内光线较弱的环境，且叶片造型、色彩鲜明具多样变化。有些观叶植物还可减轻室内不良气体的污染。因此观叶植物可种在室内作为观赏和布置之用。

摄影／陈家伟

观叶植物常用于室内绿美化。

观叶植物还有再细分类型吗？

 观叶植物依其观赏特性，可分为以下几种，您可视喜好选择：

彩叶植物（图1）

具彩色的叶子植物当属此类，如变叶木、彩叶苋、朱蕉等。

斑叶或奇形叶植物（图2）

前者如粗肋草、黛粉叶、竹芋类、油点百合等，后者如鹅掌藤、琴叶榕、虎尾兰、合果芋。

观叶兼观花植物（图3）

观赏凤梨、秋海棠类、白鹤芋、火鹤花、非洲堇等属此类，它们会开出美丽的花。

树型或特殊造型植物（图4）

前者如高大、风格特殊的马拉巴栗、巴西铁树、鸭脚木、观音棕竹。后者指可沿支柱或棚架往上生长，或栽植于吊盆往下蔓延的藤蔓植物，如黄金葛、蔓绿绒、常春藤、玲珑冷水花等。

图1 彩叶苋，叶片当愈冷愈红。

图2 黄金油点百合，叶面上的斑点有如豹纹。

图3 非洲堇。具斑叶的品种，在低温时叶片白斑会变多。

图4 适合用于吊盆的"玲珑冷水花"。

客厅、卧室、浴室，各适合种哪些植物？

A **客厅：** 空间一般较大、光线也较充足，可以选择中、大植株，颜色较为亮丽的为主，如：五彩千年木、虎尾兰、马拉巴栗、巴西铁树等。

卧室： 休息睡眠的地方，建议选择小型、枝叶细小、柔软、淡绿色的观叶植物，如：蔓绿绒、常春藤。

浴室： 空间通常较小、光线不足，湿气及热气均甚高，因此要选择中、小型且耐阴、耐湿的种类，如：黄金葛、观音莲、铁线蕨。

利用植物布置居家空间。

颜色深浅不同的墙壁，怎么搭配植物比较好看？

 选择植物布置室内时，可考虑背景颜色来做搭配。例如，深色的墙较不易衬托色彩鲜艳的植物或纯绿的叶丛，但却适合淡绿色、疏落有致的蕨类植物，或有鲜明轮廓的虎尾兰；而浅色的墙面几乎可以烘托任何植物，较不受限。

深色背景，适合搭配蕨类或淡绿、亮绿色植物。　　　　浅色背景，适合搭配任何植物，深浅色、彩叶皆宜。

室内植物的高度和位置该怎么摆设？

 高大的植物一般都不宜布置在较小的房间；而在宽敞的地方，一株小植物则起不了什么作用。地面摆设的大型植物，大小以地板至天花板的 2/3 高度为限，以免造成压迫感。摆设在桌上或窗台的植物，大小应与桌面或窗台成比例，通常株高约桌面对角线长度的 1/3 为宜。

若是要摆设在墙边、角落，就可以选择比摆放在桌面、茶几上还要大的盆栽，以营造出层次效果。至于吊盆植物，高度大约在水平视线或略低，太高就会只看见盆底及叶背；太低则易阻挡通路且缺乏吊挂装饰的效果。

室内地面盆栽，高度在墙面 2/3 以内。　　桌面观叶植物，高度在桌面对角线长度 1/3 以内。　　室内吊盆植物，高度约在视线水平。

采光较差的空间，能够种哪些植物？

 光线差的空间，可选择较耐低光环境的观叶植物，如粗肋草、黛粉叶、合果芋、蜘蛛抱蛋、蕨类、黄金葛、蔓绿绒、鹅掌藤、观音棕竹、袖珍椰子等。但请注意，这些植株在光线不足的环境下，只是维持其生命，而难有进一步的生长，建议至少每隔1~2个月，要与窗台或阳台的植栽进行轮替，才能长期保持观赏价值。

黄金心叶蔓绿绒

绿精灵合果芋

兔脚蕨

小叶肾蕨（纽扣蕨）

黄金葛末端新叶怎么有的愈来愈小、有的愈来愈大？

黄金葛有一种奇妙的特性，其蔓茎每节均会长出气根，可依附在蛇木、墙壁等支撑物攀爬生长。当蔓茎往上攀爬时，新长的叶片会愈长愈大，当长到10米高时，叶片直径甚至会超过50~100厘米。相反的，若以吊盆栽种的黄金葛，则新长的叶子会愈长愈小。此种现象跟内在生长素和乙烯的流向分布有关：往上长时，生长素多，乙烯少，促进叶片生长；往下长时，生长素少，乙烯多，抑制叶片生长。

黄金葛吊盆的末端叶子会愈来愈小。

幸运竹是什么样的一种植物？

幸运竹又称开运竹，是新近流行的室内水栽瓶景。其实它真正的名字应是"万年竹"（亦称万年青或青竹），是一种龙舌兰科竹蕉属的常绿灌木。而所谓幸运竹即是万年竹由田间采收后，将其叶片剥掉，露出茎节，并切成一段段，再插入水中让其发芽、发根生长所得的商品。由于幸运竹在室内生长缓慢，四季常青，又有幸运或开运的象征，因此深受消费者喜爱。

摄影／郑锦屏

幸运竹不用照顾也长得好，属懒人植物。

为什么花市卖的观叶植物叶面都特别发亮有光泽？

买回来的植物叶面特别光亮，可能是喷洒亮叶剂的关系。亮叶剂含有植物性蜡质，蜡多少会阻塞植物气孔，妨碍光合作用，故种植于户外的全日照植物不适合使用。蜡质经太阳曝晒，容易烧伤叶片，建议不要使用叶片亮光剂。如居家若想保持叶片光亮，其实只要利用清水擦拭叶片即可，除了可保持叶片清洁另外还可以恢复植物活力。如真的想让叶片保持油亮有光泽，还可以使用蛋清液涂抹叶片。

摄影／陈家伟

喷洒亮叶剂的叶面，特别光亮。

听说空气凤梨也会开花，是吗？

Q83

空气凤梨的开花期与食用凤梨接近，都是在秋冬季节，若植株成熟健壮且光照适宜，会自然开花。也可以尝试用人工催花，于秋冬季选成熟健壮的植株，以乙烯气体（浓度约千分之一）闷一天，或将植株与熟透的苹果或香蕉，闷在一起 2~3 天的时间。如此之后，植株就会在三个月内出现花序。

摄影／叶锦屏
开花中的空气凤梨——棉花糖。

植物小档案　空气凤梨

空气凤梨是凤梨科中最大的一属，约有 500~600 种，原生于少雨但潮湿高温的地区，需要从空气中获取水分，因此植株本身产生许多适应环境的改变，如植株体积缩小、叶面积减少、根部退化产生灰白细毛及贮水组织等。这些灰白细毛可以反射强光、凝结及吸取空气中的水分。也可由这个特征分辨植物对光线的需求，一般来说，叶子软而绿者较耐阴，硬而灰白者需光较多，但夏天仍应避免光线直射，以免产生叶烧现象。

摄影／陈家伟

摄影／陈家伟

空气凤梨——小精灵。仔细观察，叶片上有灰白细毛。

空气凤梨——小章鱼与小精灵。

住在较冷的山区，可以种哪些不怕冷的观叶植物？

Q84

部分的观叶植物，当天气转冷、早晚温差变大时，会让叶片转色，或线条、斑纹改变，反而更为漂亮，如：彩虹椒草、彩叶苋、嫣红蔓、油点百合、朱蕉……它们可以适应较冷（温度不低于 10℃）的气候，但当寒流来或温度低于 10℃时建议将之移入室内。

摄影／陈家伟

彩虹椒草
天气冷时，叶面会晕染出淡粉红色。

瓶子草是怎么捕虫的？

 瓶子草叶片特化呈一圆筒状捕虫袋囊，袋上有盖，袋口边缘会分泌一种蜜汁来吸引昆虫，而内壁的上半部含有蜡质（角质层）使猎物容易滑下；且内壁着生许多朝下方生长的导引毛，使猎物一往上爬便又滑落底部。袋囊底部存有消化液，可在猎物溺毙后再将其消化后吸收做为养分来源，而消化不掉的外骨骼则留在瓶底。

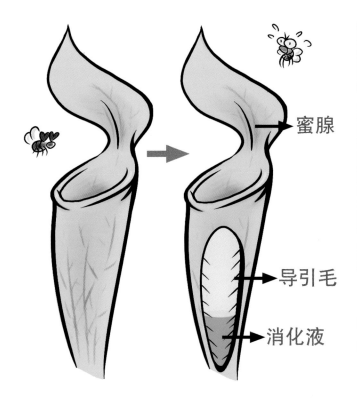

蜜腺

导引毛

消化液

摄影／Duckking 小鸭王

瓶子草

蜜腺

顶盖下方瓶颈的部位，分泌出蜜汁来吸引小虫靠近取食。

导引毛

当小虫失足掉落瓶中时，瓶壁内侧有许多导引毛，小虫无法爬出瓶身，只能越陷越深。

消化液

小虫最后落入消化液中溺死，且慢慢被消化吸收成瓶子草生长的养分。

有需要抓小虫喂猪笼草、捕蝇草这类食虫植物吗？

食虫植物其实也和其他植物一样具有叶绿素，能够进行光合作用和制造养分，但由于它们大多原生在土壤贫瘠（尤其缺乏氮素供应）的湿地环境，因此必须发展特殊的器官，以诱引、捕食昆虫，再借分解消化猎物，获得所需的氮、磷等养分。虽然其具有捕虫能力，但也不必刻意捉小虫喂食，若喂食过多反而会使植物养分过盛，造成捕虫器官的死亡，影响观感。

摄影／Duckking 小鸭王

偏好甜蜜的蜜蜂、蚂蚁、苍蝇，可说是猪笼草的常客之一。

铜钱草是不是需要很多水分？

铜钱草也叫香菇草，属挺水性水生植物，喜欢温暖至高温，生长适温为 18~30℃，土质以潮湿的壤土为佳，盆栽可长期浸水保湿，全日照、半日照均能生长良好。施肥方面仅少量施加化肥即可生长旺盛，在春至秋季还会开花。

摄影／陈家伟

铜钱草生性强健，容易栽培。

种非洲堇的土壤要怎么调配？

Q88

非洲堇需要疏松、排水、通气良好，且保水性佳、有机质含量高的栽培介质，故泥炭土、蛭石、珍珠石以体积 1：1：1 比例混合，或庭园土、泥炭土、蛇木屑以体积 1：1：1 比例混合，均为合适的介质。

摄影／王正毅

泥炭土：蛭石：珍珠石＝1：1：1比例混合

为什么非洲堇的叶片有斑点或腐烂了？

Q89

由于非洲堇的根系较脆弱，对水分管理要求较高，缺水或浇水太多均易使根系受损或腐烂。最好的水分管理是保持介质潮湿，但介质的通气性需良好。非洲堇因叶面广布绒毛，故浇水时应避免水泼溅至叶片上，否则易使叶片形成斑点或腐烂。因此非洲堇常用盆底吸水法，但浇完后请记得将留在盆底的水倒掉，以免积水造成植株腐烂。

摄影／何忠诚

非洲堇是小巧美丽的室内盆花植物。

摄影／王正毅

为避免叶片腐烂，可将水浇在水盘中，由底部吸水，但多余的水必须倒掉。

非洲菫怎么施肥，花才会开得多？

 非洲菫于生育期间，约每 7~10 天施用一次稀薄液体肥料，肥料成分以氮、磷、钾 1：1：1 最适合；若事先介质已施用长效性肥料作基肥，则液肥可于 14~20 天后再施用一次。应注意氮肥不可施用太多或使用氮肥比例太高的肥料，否则易造成叶片繁茂而开花稀少的情况。要使非洲菫一年四季都开花，可在每次花谢后迅速摘除花梗。若过于茂盛，可疏除一些较拥挤的叶片，并补充磷、钾肥为主的肥料，再给予充足的光线，即可四季赏花。

摄影／陈家伟

便利型的养花露，可直接插入盆土中使用，促进花色鲜丽。

黄金葛等其他观叶植物需要施肥吗？

 施肥次数可一年放 1~2 次长效化肥或有机肥，加上每 2~3 周施一次氮肥为主的速效肥即可。而冬季是黄金葛植株生长最弱时，且叶片易黄化，此时施肥的频率就应降低，等来年春天气温回升后，再多补给肥料。

摄影／陈家伟

选用室内观叶植物的保养肥料，可维持良好外形、避免徒长。

为什么水培富贵竹的水很容易发臭？

A 如果水瓶内枝条过多或叶片浸泡在水中，伤口容易因微生物入侵且快速滋生而产生臭味。改善的方法如下：

1. 去掉富贵竹（又可称为幸运竹或开运竹）的下位叶并清洗枝条，再阴干1~2天。

2. 瓶插的水使用煮沸过的冷水，水位只要7~10厘米高即可。

3. 每3~5天勤于换水，并可在瓶中滴入几滴醋或漂白水，有抑菌作用。或是去花店购买切花保鲜剂，这种保鲜剂主要成分为蔗糖和醋酸银，除提供养分还可降低酸碱值，达到杀菌及抑制微生物生长的效果。

摄影／陈家伟

切花保鲜剂杀菌力强，可避免细菌滋生，也可滴入万年青水瓶中。

空气凤梨悬吊起来要怎么浇水？

 A 空气凤梨由于根部退化，因此需要高湿度的环境。若栽培于冷气房或较干燥的环境，可对它充分喷水以补充湿度，但是也要避免心部积水而导致烂心，也不可为了增加湿度而将植株放于密闭容器中。对空气凤梨来说，通风是很重要的。假如湿度不足，其会由叶子的尖端开始干枯；万一它已严重干枯，可由外侧开始将叶片拔除。

摄影／陈家伟

悬吊的空气凤梨，可以使用喷雾罐帮它补充湿度。

听说可以浇茶水帮助万年青生长？

A 很多人都有误解，认为可将喝剩的茶水拿来浇花，可帮植物提供营养。事实上，茶水中有大量的咖啡因和生物碱，会影响植物根系生长。此外如茶叶渣、咖啡渣、蛋壳也不宜直接当作肥料放置于土面上，必须经过发酵腐熟才能利用。

猪笼草是不是要经常施肥才能促进捕虫瓶生长？

A 猪笼草发育出特殊的捕虫瓶，是为捕食昆虫，消化分解成所需的养分。假如过度的施肥（尤其是氮肥），猪笼草因得到了充足的养分，自然无需再积极产生捕虫瓶。因此若要施肥，只能略施薄肥，才能维持捕虫瓶生长。

变态叶的猪笼草

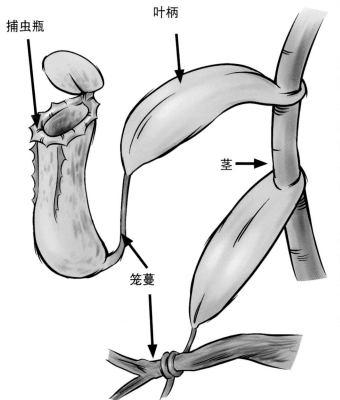

捕虫瓶　叶柄　茎　笼蔓

图 / Duckking 小鸭王

通常叶子的构造与机能，大多是以进行光合作用和制作养分为主，而猪笼草的叶子则是为了捕食昆虫而演化转变为袋状的捕虫叶，所以捕虫袋就是它的叶子。对于这种为了适应特殊环境和需求而转变结构与特性的特殊叶，我们通常称呼它们为"变态叶"。

而那看起来像是叶片的东西其实是猪笼草的叶柄；用来连接叶柄和叶子中间的枝条则是笼蔓，是猪笼草专门用来攀爬与固定的构造。至于猪笼草那粗粗的茎则是担任输送水分和养分的通路。

非洲堇若要种在室内，光线和温度适宜的条件为何？

Q96

 虽说非洲堇可以养在室内，但光线和温度也要注意如下：

非洲堇是极少数能在室内完成整个生育过程的种类，可在室内开出美丽的花朵。非洲堇不但耐阴性佳，而且植株娇小，花形、花色变化丰富。

1. 光线要充分而不强。非洲堇最适合生长和开花的光度大约是晴天的阳光从透明玻璃散射进入室内的非直接光线。因此将非洲堇摆在室内靠近窗户的地方，或以日光灯每天提供6~8小时的光照等，皆有提高开花机会的效果。

2. 温度要温暖而不热。非洲堇生长适温18~25℃，温度太低或太高，对其生长及

开花均不佳。尤其是夏季高温时，应加强遮阴和通风来降温；冬季寒流来袭时应置于温暖的避风处。

摄影／陈家伟

为什么黄金葛叶子上面的斑纹愈来愈淡了？

Q97

生长良好的黄金葛，其叶片晶莹浓绿，光滑的蜡质叶片上夹杂着漂亮的黄色斑纹，具有观赏价值。种植在光线充足的环境，叶片上的斑纹也会比较明显；浇水量应充分并定期对植株叶片喷雾，以提高湿度并使叶片亮丽。若是长期放在较阴暗的地方，叶片会失去原有的斑纹和光泽。

摄影／陈家伟

种在水瓶中的幸运竹，愈长愈差怎么办？

 水耕幸运竹（也称万寿竹、开运竹），因水中含氧量较低，又缺乏矿物养分，根系生长受限，因此植株生长十分缓慢。但它相对的消耗营养亦很少，所以可在室内维持相当久的时间。若幸运竹外观有疲软的现象，可以将其移至光线较明亮处。瓶中的水应时常更换以增进溶氧量。若是水质已混浊，必须先清洗花瓶内部再换清水。另外可在每次换水后施一点氮肥为主的速效肥料（500毫升的水约加0.2克肥料）。若希望它长得更好，应改为盆栽或庭园栽植，或更换较大一些的花瓶。

摄影／郑锦屏

幸运竹水耕栽培，要经常换水，避免水质混浊。

常春藤要怎么照顾才会长得好？

常春藤性喜冷凉忌高温，生长适温15~22℃，因此在平原地区以秋季至来年的春季长得最好，夏季则需要摆设在阴凉通风的地方以越夏。若是选购新株，在买回后的前两周内的栽培条件，尽量与花农原栽培的环境相似，并给予充足水分和潮湿环境。待其驯化适应新环境且生长势恢复后，它即可生长良好。

摄影／陈家伟

常春藤的枝条十分优美。

观赏凤梨怎么种？可以直接晒太阳吗？

观赏凤梨耐旱不耐湿，盆栽介质应力求排水良好，且其喜酸性土壤，因此如泥炭土、蛇木屑、水苔、腐叶土等混合或单用均可。观赏凤梨喜欢高温多湿、稍微遮阴的环境，生长适温为 20~28℃，夏天温度太高会有暂停生长的现象。观赏凤梨喜欢明亮的光线，但忌强烈阳光直射，因此冬天可直接照射到阳光，夏天则要适度遮除 40%~60% 的阳光，以防叶片日烧。

植物小档案　观赏凤梨

凤梨科是一个庞大的家族，超过 2000 多种，其中只有少数具有食用价值（也就是我们平时吃的凤梨），其他种类虽然也可以开花结果，但没有丰富的果肉可供食用。然而，这些种类却大多具有优美挺拔的形态，甚至是多彩的叶片或艳丽奇异的花苞。凤梨类植物最不一样的地方就是叶片会集生成一个莲座状的叶丛，而叶丛的基部（或植株的中央心部）形成一个能贮存水分的凹槽。

水塔花凤梨 Kuhlmannii　水塔花凤梨"混血儿"　水塔花凤梨"爆浆莓果"　水塔花凤梨"夜色"

摄影／李国良

能否介绍一下食虫植物适宜的温度、光线及介质？

食虫植物多生长在温暖、潮湿的沼泽或林木覆盖处，因此除冬天或早春可使太阳直射外，其余季节宜遮阴约 50%。其生长适温为 18~27℃，栽培介质需要较高的湿度，因此可单独使用水苔，或与少量蛇木屑混合，且需要经常浇水保持湿润，或在盆底垫一浅水盘，盘中维持有水，并以喷雾器定期对植株喷水以提高湿度。

为什么猪笼草都没再长出新的捕虫瓶？

 猪笼草的捕虫瓶大小因品种而异，一般生长适温为 22~30℃，搭配充足的日照和较高的湿度，会发育出较大较好的捕虫瓶。

长不出捕虫瓶，或捕虫瓶很小的原因可能有：

1. 捕虫瓶是由叶尖的卷须所结成，卷须若能先缠绕某固定物后再结捕虫瓶，通常捕虫瓶也会较大。但有些瓶子大小上的差异则是因为植物品种造成的。

2. 碰伤新生的叶片或卷须的尖端，或经常去触碰尚未长成的捕虫瓶，也会影响捕虫瓶的生长。

3. 若光线不足或湿度不够高，植株也无法顺利结出捕虫瓶。应改放在阳台或前院等光线充足处，并经常以喷雾器喷湿维持环境湿度。

摄影／Duckking 小鸭王

买了百万心吊盆，要怎么照顾？

Q103

 百万心喜半日照、明亮通风的环境，且斑叶比全绿叶更为耐晒。若是直晒过度，叶片则会变为黄绿色。其植株不耐潮湿，应避免盆中积水。若于冬季日照充足的环境下，再配合减少水分的供应，则百万心叶片还会转成红色，增添另一番风情。此外，百万心对于肥分的需求不高，每 2~3 个月施 1 次稀释液肥即可。

摄影／王正毅

适合当吊盆观赏的百万心。

在花市买到新奇的瓶子草，要怎么照顾？

 瓶子草对于季节变化、高低温度都有很好的适应能力，因此可以将它们栽培在户外环境，风吹雨打也没有关系。建议放在每天有 4~6 小时日照的地方，这样瓶子草才能呈现亮丽的色泽斑纹。介质需维持潮湿，盆底放置水盆，注入 3~5 厘米的水。

摄影　Duckking 小鸭王

形形色色的瓶子草

吊兰长出来的小吊兰可以切下来另外种一盆吗？

吊兰长长垂挂的走茎前端还会再衍生出小吊兰，可以将小植株剪下来另外再种一盆。剪的时候尽量贴近小植株根部剪下，除了种在土壤里面，还可用水耕的方式来种养，而且吊兰还具有净化室内空气的效用。

步骤1 贴近小植株根部剪下。

步骤2 利用塑料瓶口来支撑植株。

步骤3 根部1/3浸水即可，以免烂根。

吊兰是净化室内空气的好帮手。

空气凤梨长出侧芽，何时可以分株？

Q106

空气凤梨多采用分株法繁殖。大多数的品种开花后，植株停止生长，长出侧芽，等到它长出3~4片成熟叶，或有母株的一半大小时，即可切开，放置阴凉处使伤口自然风干后再栽植及浇水。只有如此处理伤口处才不会引起腐烂。

非洲董要怎么叶插繁殖？

A 选取成熟、健壮的叶片，以刀片切下后，留 2~3 厘米的叶柄，然后将叶柄的一半插入介质（如蛭石、珍珠石或河砂）。约 4 周后叶柄切断处便会发根，约 8 周后可见幼叶萌发。其后再经 4~6 周，幼芽具有 4 片叶以上时，即可移植到盆中栽培。所以从叶插开始至小苗长成需经过 3 个月左右。

此外，非洲董叶片扦插繁殖时期以花苞形成前的春、秋两季较为适合。而开花期间，叶片正是花朵发育所需养分的供应来源，剪叶易使花朵早谢、花期缩短或花数减少，而且此时叶片所蓄积的养分亦较少，所以不宜做扦插。

摄影／何忠诚

非洲董的叶插长出的小苗。

食虫植物怎么繁殖?

A 食虫植物多半采用扦插或分株方式来繁殖。例如猪笼草可于春末剪取顶芽做插穗，基部包扎水苔后再行扦插。捕蝇草和毛毡苔则可采用分株法，分株时全株小心挖取，尽量勿伤害根部，除去老旧介质，再分切子株另植入小盆中。

摄影／王正毅

捕蝇草

摄影／王正毅

毛毡苔

办公室的发财树长虫又有蚂蚁怎么办？ Q109

一般居家植物最易感染的害虫有蚜虫、介壳虫和红蜘蛛等，大多分布在新梢嫩叶的背部或嫩梢上，而蚜虫又会引来蚂蚁。

改善之道如下：

1. 注意植株养护，给予通风、采光良好的环境，植株不可种植太密，平常要注意修剪，做好浇水和施肥。这么做了就可使植株生长良好，而强健的植株自然不易感染病虫害，正所谓"预防重于治疗"。

2. 发现虫害时，及时摘除感染部位。初期发现植株罹患虫害，通常感染部位不大，若能马上将其剪除或将虫体、虫卵移除，则不需以药剂防治，但须注意清理干净以免再次感染。

3. 居家或办公处所的虫害防治，应以自然农药为主。市面上有许多有机杀虫、杀菌剂及自制配方可提供使用，但须注意不可任意提高浓度，尤其是自制杀虫、杀菌配方尤需注意。

4. 居家不建议使用化学农药，如非得到喷洒化学杀虫杀菌剂时。建议将此盆栽丢弃或清除为佳。

摄影／陈家伟

有发财树之称的马拉巴栗

非洲堇叶片及叶柄有白色点状物，是虫吗？ Q110

白色似绒毛的点状物，推测应是粉介壳虫危害，虫体通常躲在叶片背面。量少时可用毛刷清除，或以棉花棒、毛笔蘸酒精擦拭去除。若整片叶片已长满害虫，就将叶片剪除。平时也可用葵花油、洗衣液或清洁剂自制药剂来喷洒，在植物表面形成薄膜，阻隔病原菌孢子发芽与菌丝生长，对付介壳虫也很具成效。使用前记得摇一摇，让油水混合成乳白色的样子。制作方法如下：

步骤1 取一个500毫升容量的塑料瓶，以量杯测量250毫升的葵花油倒入，再倒入225毫升的清水，此时可见瓶内的油水分离。接着再将25毫升的清洁剂倒入，让清洁剂与瓶中的油水混合。

步骤2 将塑料瓶盖上并摇一摇，溶液完全混合成乳白色的液体后即可使用。

摄影／陈家伟

室内植物长虫，可以用杀虫药剂吗？

 居家或办公室的虫害防治，尽量以自然农药为主。例如取洗衣液 1 克 (约半小匙)、红辣椒半两切碎或蒜头两大粒拍碎，加水 1000 毫升静置一夜后喷洒，可去除许多害虫。若万不得已需使用化学农药，使用前应详阅说明书，按正确用量调配，喷施时将植株移至户外，戴上口罩和手套后操作，喷洒后应洗手、更衣，以维护自身安全。且喷洒后的植株建议于户外栽培一周后再放回室内观赏，较为安全且不会有异味。

为什么非洲菫的叶子末端、花瓣枯黄？

 花瓣或叶缘枯黄的可能原因：浇水淋到、阳光太强、水分太多或不足、湿度太低、肥料过多或缺乏等。请检查植株的所处环境及其管理情形，再针对其原因加以改进，应可使植株的新叶恢复先前的健康状态。

摄影·陈家伟

富贵竹也会开花吗？

 万年青 (这里指的是万寿竹或幸运竹) 属于观叶植物，但只是代表其观赏重点在于叶片，并不代表它不会开花。通常，观叶植物只是因为在室内环境光线不足，或者植株仍属于幼年期阶段，而未能开花。如果环境恰当，我们也有机会欣赏到它开花的。

幸运竹的茎为什么会变黄腐烂？怎么办？

A 幸运竹茎枝会变黄腐烂，主要是病菌感染所引起，其大致有 3 个时期容易感染：

1. 在田间生长时，病菌寄生在植株。

2. 除叶后将茎枝剪成一段，两端皆具切口，切口未愈合前，容易感染病菌。

3. 茎枝基部插入水中，久未换水滋生病菌。

当看到发黄腐烂的茎枝，可尽快做如下处理，还有挽救的机会：

1. 剪除腐败部分后，和健康茎枝分开于不同容器栽植，以防感染。

2. 水中滴入数滴漂白水或白醋（每升水约加 1~2 毫升）以抑制病菌滋生，此后并应定期更换清水。

3. 摆设地点以阳光不直射，但光线充足的地方最佳，如室内靠近窗口处。

4. 修剪茎枝顶部（促进萌芽）或基部（促进吸水）时，最好在切口上涂抹杀菌剂 或切口愈合剂，以防止病菌感染并促进伤口愈合。

摄影／郑锦屏

水培植物要常保水质干净，可滴几滴漂白水或白醋。

为什么观赏凤梨的叶子愈来愈枯黄？

A 观赏凤梨叶子枯黄，通常是因为夏季高温时期，直接曝晒在阳光下，或者浇水不足，以及未经常对植株喷雾的缘故。由于凤梨类植物根部吸收的水分，常无法满足植株的需要，因此每次浇水时，除需充分浇湿盆土外，还要对它喷施水雾，而且让植株心部也能贮存充分的水分以利生长。不过心部也不能积水太多或太久，以免发臭或滋生蚊虫。

摄影／李国良

观赏凤梨的介质建议使用富含有机质的材料，并且排水良好，一浇水就湿，但不会过于潮湿，如：泥炭土、椰块。

铁线蕨为何买回来种没多久就叶片枯黄凋死了？

 由于铁线蕨的叶片很薄，只要短期间快速失水，即可能造成叶片焦枯，因此湿度的维持非常重要。刚买回来的铁线蕨可以先用透明塑胶袋将植株套起来，在袋上打数个小洞，以维持高湿度并有适度的透气，直到新叶片长出再将塑胶袋拿掉。之后可定时用喷雾器对植株喷水，或在垫水盘上先铺一层小石子，注满水再摆上铁线蕨的盆栽，亦可增加湿度，并避免放在通风不良处或通风口附近。

摄影／陈家伟

铁线蕨叶片薄、耐阴性强，但需要较高的湿度。

为什么白网纹草的叶子一直掉落？ Q117

 白网纹草在室内严重落叶的原因，可能有温度太低、水分不足和光线太弱等因素。白网纹草喜欢高湿的环境，若水分供应不及或盆土干透，叶片就会立即凋萎黄落。白网纹草虽然颇耐阴，但长期在室内低光下仍会造成植株衰弱以致落叶，所以每隔一两个月仍应移至窗口或阳台接受较充分的光照，一段时间后再移入室内。在入冬寒流来袭时，则应将白网纹草移置到温暖避风的地方，并可稍微减少浇水。等到春天气温回升后，再施以氮素为主的速效肥料，促进枝叶生长，以恢复繁茂。

白网纹草，绿色叶上布满银白色叶脉网目。

为什么白网纹草软趴趴没精神的样子？

 一般来说白网纹草很好照顾，如有软趴趴的现象，可能是在浇水和施肥上出了问题。白网纹草应保持盆土均匀湿润，但不可过于潮湿，以避免根部腐烂、枝条叶片黄化。此外，白网纹草怕冷，冬季浇水以上午为佳，避免水分滞留叶片隔夜而造成寒害烂叶。由于其叶片很娇弱，故施肥宜淡，生长期间约每个月施一次稀释液体肥料即可。施肥时应小心掀开叶片，避免与枝叶接触而引起肥伤。

植物小档案　网纹草

网纹草是多年生草本观叶植物，主要特色在于叶片具有明显的网状脉纹，其中具白网格者称为白网纹草；具红色网格者称为红网纹草，这两种叶长、宽约 8 厘米，另有小叶白网纹，叶长仅 3~4 厘米，宽约 2 厘米。通常以小盆栽或吊盆栽培，当作室内植物摆设。

摄影／何忠诚

红网纹草

为什么常春藤买回来没多久就枯死了？

 常春藤枯死的原因主要有 4 个：

1. 缺水或湿度不够。贩售时若盆土已呈干燥状态，买回之后又未及时浇水，会致植株枯死。此外，常春藤的生长条件不只要求盆中湿润，亦要求空气中的高湿度，因此宜经常对其叶片喷雾以维持湿度，防止叶缘焦枯或虫害感染。

2. 浇水过度。常春藤固然喜欢潮湿，但若浇水过多造成积水，容易引起根部腐烂，造成根系吸水不良而缺水枯死。

3. 病虫危害。常春藤处在空气干燥和不通风的环境，很容易滋生红蜘蛛或介壳虫等虫害，造成叶片皱缩或枯黄，严重时全株死亡。

4. 植株刚换盆。假如购买的常春藤在贩售前才刚换盆不久，植株生长势衰弱，只要再加上述任何一个因素便会加速植株的衰败和枯死。

摄影／陈家伟

常春藤的叶为掌状，叶面全绿或斑纹，依品种而异，株形优美飘逸。

兰花篇

台湾有兰花王国的美誉，每年都会举办兰花展览。其堪
称一年一度的兰花盛宴，而且经常出现许多令人眼睛一亮的
品种或作品。兰花不论是居家栽种欣赏，或是作为节庆花礼
都是高雅大方的好选择。

兰花篇

我是兰花新手，有比较建议的栽培品种吗？ **Q120**

A 兰花以赏花为主，有的花、叶兼美，而不同兰花的栽培方式亦有相当的差异，故刚开始时先从自己欣赏的兰花种类入手，选择较大众化的品种，通常这些品种栽培管理较为容易，如石斛兰、蝴蝶兰、文心兰和拖鞋兰。

蝴蝶兰

石斛兰

拖鞋兰

要怎么挑选健康的兰花？ **Q121**

A 选择健壮的植株是养兰成功的第一步。应挑选根系完整、根色鲜绿且没有枯黄发黑或中空现象，叶片饱满、肥厚，叶色浓绿有光泽，而且整个株形均匀端正。建议可选择目前正为花期的植株，最好已有花苞或已开一两朵花，如此可立即欣赏最美的一段时间，等花期过后，经适当养护，可期待来年再开花。

叶片肥厚有光泽的较为健康。

兰花是不是很怕冷？冬天要注意什么？ Q122

A 兰花也有耐寒性较高的国兰和东亚兰，低温对他们来说
也没有妨碍。宽叶的兰花如巨兰、飘唇兰、天鹅兰类，
低温时则会落叶，寒流来时需限水来抵御低温。如果像
是文心兰类、万代兰类，则要特别留意冬天寒害，低温
时不浇水、温度回升才浇水以协助越冬。其他品种也建
议在白天浇水，以免夜里根系滞留过多水分而冻伤。

摄影／陈家伟
耐寒性较高的国兰。

摄影／陈坤灿

耐寒性较低
的文心兰。

兰花何时需要换盆，该怎么换？ Q123

A 兰花换盆和分株的季节以春、秋季较适
合，或当新芽已长至 1~2 厘米以上时可以
进行。换盆时，首先将植株小心自盆内取
出，去除老旧介质，修剪腐坏老根，用水
略微清洗后再植入新盆中。种植时要注意
让分株较靠近盆缘，而让新芽接近盆子的
中心位置以利新芽的伸展，必要时要以铁
线或支柱固定，初期应避免太强的阳光照
射并控制浇水量，直到植株成活。

步骤 1　脱盆，去除干瘪的腐烂根。

步骤 2　介质填入盆内约 6 分满。

步骤 3　摆入植株，基部大约在盆
子 9 分高的位置。

步骤 4　填满介质，可用筷子戳紧实。

摄影／陈家伟

蝴蝶兰都是什么季节抽梗、开花呢？

A 蝴蝶兰具有肥厚的叶片，叶互生于茎的两旁，其每一叶腋通常含有两个上下排列的芽原体，其中上部较大者为花茎芽原体，其下较小者为营养芽原体。这些芽原体通常发育至某种程度后即进入休眠。等环境适合花芽形成时，上部较大的花茎芽原体即可活化而抽出花梗，刚露出的花梗尚无花芽形成，待抽长至 5 厘米左右才开始分化小花原体。花梗通常由顶端往下数第三及第四片叶腋抽出，若生育条件良好，则在前一次花梗抽梗处以上的每个叶腋均可抽出花梗。

摄影／陈家伟

温度是影响蝴蝶兰生长开花最重要的因子，生长适温为 20~25℃，待花序顶端的花苞可见后，提高温度至 25~30℃ 可加速花苞的发育。因此在平原地区，蝴蝶兰多在 10 月时已开始有芽原体抽出，11 月则更明显。不过抽梗后因入冬气温降低，发育缓慢，故需至隔年春天气温回升时才迅速发育而开花。

蝴蝶兰抽花梗了，可以搬到室内欣赏开花吗？

A 蝴蝶兰在花梗抽出后，至第一朵花将开放时对环境最敏感，此时若逢低光、低温，极易造成花苞消蕾。因此，正在抽花梗的蝴蝶兰，应接受充分日照（冬季可不遮阴或遮 30% 以下），浇水量则比平常的季节少，介质表面干燥后一两天再浇水，施肥以磷、钾肥为主，寒流来袭暂时移入室内，以防寒害。**待花梗基部花朵已开放，才可移入室内中光照充足处欣赏，可有 1~3 个月的观赏期。**

摄影／陈家伟

蝴蝶兰开花期可以放室内赏花。

嘉德丽亚兰浇水和施肥要注意什么？

 嘉德丽亚兰一般等盆土干燥后再充分浇水。夏季时，可对植株喷洒水雾，以提高空气湿度；当花鞘出现后，应减少水分供给，以免因过多水分促使基部萌发新芽，消耗养分反而不易开花。施肥方面，生长旺盛的春、夏季，每 1~2 周施用一次以氮肥为主的速效性肥料；秋季起应减少氮肥供应，改施以磷、钾肥为主的肥料，可促进花芽形成，在秋末冬初开出美丽的花朵。

拖鞋兰建议多久换盆一次？什么时候换比较好？

 拖鞋兰通常适合在开花后才开始进行换盆或分株作业。换盆的时机以植株开花后，新根长出前的春季或秋季较适合。然而拖鞋兰生长速度不快，并不需要每年换盆，大概两年一次即可。换盆时，若希望植株继续长大，应换至大一点的盆子；否则只须将老旧、硬化的介质去除，并修剪老根，再补充新的介质。

拖鞋兰以其唇瓣形似拖鞋前端而得名。

种拖鞋兰的介质要怎么调配？

 拖鞋兰栽培介质以蛇木屑、水苔和培养土为主。为利于根部的透气和排水，可先在盆底 1/4 放入小石粒或发泡炼石等粗粒介质，再将植株和栽培介质移入。栽培介质应充分压实，并使其土面与植株叶片基部平齐，且应以铁丝或绳索固定植株使根系稳定生长。移植后，应适当遮阴避免直射阳光、防范寒害，并等新根长出后才开始施肥。

过年收到兰花组合盆栽，花谢之后要放着还是分株？

用于送礼的盆栽，为了显现高贵和气派，通常以大型、漂亮的盆器配置一种多株或多种植物，形成组合盆栽。这类组合盆栽通常在组合时，偏重外形美感，而忽略了根系伸展所需空间，造成植株间略显拥挤、紧密。

另外，有时为了组合时的方便，并未将植株的盆子除去，常是一个个的小盆子放在一个大盆子中，其间再塞满介质，造成根系生长空间受限。因此，兰花组合盆栽可以在凋谢后，将花梗剪除，再将各个植株分开种植。若根系已长满小盆子，应将干枯或腐烂的根系剪除并移至大一点的盆子，如此将可加速兰花的植株生长，有利于来年的抽梗开花。

摄影／陈家伟

组合盆栽美观大方，但不见得适合植株生长。

石斛兰的叶片好像烧焦了？是太热了吗？

叶片有如烧焦的症状，应是"日烧"现象。石斛兰虽然是兰花类中需光性较高者，但在夏季的烈日和酷热下，仍需遮阴 50% 左右，否则浇在叶片上的水滴很容易因聚焦作用，吸收大量太阳热能而使叶片灼伤。

摄影／郑锦屏

兰花叶片灼伤。

为什么嘉德丽亚兰都不再开花？ Q131

 要使嘉德丽亚兰正常开花，日照方面，除冬季阳光最弱时可容许直射阳光外，一般需遮阴 40%~60%。但室内的光线不够，室内花期结束之后，就要再移到阳台或窗台。温度方面，嘉德丽亚兰通常在秋、冬季低温短日照时形成花芽，但低于 13℃ 则易受寒害，故寒流来袭时应有保温措施或暂时移入室内。

摄影／陈坤灿

嘉德丽亚兰花型美艳，是洋兰界中的女王。

石斛兰为什么都不开花？ Q132

 石斛兰可分为春天开花的春石斛，和秋、冬天开花的秋石斛两大类。你可参考下面这两个贴士，找出石斛兰不开花的可能原因：

春石斛兰

通常低温 (10~13℃ 或以下) 和干燥的环境才有利于花芽形成。所以秋、冬季时遇到暖冬，低温量不足，或者花芽形成期浇水或下雨太多、氮肥施用过多，均不利于花芽形成和开花。此外，春石斛原产于喜马拉雅山等高山地区，在平原地区较不易栽培。

秋石斛兰

秋石斛原产于热带低海拔地区，生长适温约20~30℃，在高温多湿的环境下较易形成花芽，因此在平原地区栽培，较春石斛容易开花。而且在短日照情况较有利于秋石斛开花，因此若是秋石斛晚上被电灯照到（相当于长日照效果），则较不容易开花。

摄影／陈家伟

石斛兰

水生植物篇

水生植物在炎热的夏天总可以带来清凉消暑感，从室内造景缸，到室外生态池、小花园，都可以运用水生植物来营造水感绿意。而且水生植物还可以和鱼类、爬虫类、两栖类动物一起养殖，让我们体验丰富的生态世界。

水生植物篇

什么是水生植物？是指长在水里面的吗？ **Q133**

A 生长在水域的植物，皆属于水生植物的范畴，但不一定是整株都生长在水里面，一般可以分成挺水型、沉水型、浮叶型和浮水型四大类：

挺水型

根系着生于水底的泥土中，其基部沉浸在水中；上方的茎叶则是露出水面之上。如：莲花、香菇草。

香菇草　摄影／王正贤

浮水型

根系没有固着于水底的土壤中，或是植株已发展成几乎无根的形态，因而能随着水的流动而漂移。如：布袋莲、浮萍、水芙蓉。

大萍　摄影／陈熙伦

浮叶型

根系着生于水底的泥土中；叶片由长长的叶柄或枝条支撑，平贴水面，可随水位升降维持浮水叶漂浮在水面。而沉水部分则长出和浮水叶不同形态的水中叶。如：睡莲、台湾萍蓬草、莼菜等。

台湾萍蓬草　摄影／陈宏伟

沉水型

植株完全沉浸在水中，多数种类其叶片会呈半透明。除开花时期将花伸出水面，于水面进行授粉外，其余营养器官（根、茎和叶）皆生长于水中。如：金鱼藻、黄花狸藻。

细叶水芹　摄影／邱如仁

常见的水生植物有哪些？要去哪买？ **Q134**

A 花市贩卖的水生植物，较多是用水盆贩售的浮水型植物，如满江红、布袋莲、大萍等；如果到水族馆，可以买到更多种类的沉水型和浮叶型水生植物。以赏花为主的水生植物有水生鸢尾类、荷花、睡莲、水金英等。以观叶为主的则有石菖蒲、轮伞草、木贼、水绒等。

摄影／邱如仁

想买沉水型和浮叶型的水生植物，可以到水族馆寻找。

常见的荷花、莲花、睡莲到底怎么区分？

荷花和莲花其实是一样的，都为睡莲科的水生植物。它有 3 种形态的叶子，平常见到的荷叶是大型成熟的扁圆形或盾形叶，会伸出水面，叶面有绒毛而不沾水滴，叶柄有刺，归类为挺水性植物。花凋谢后可见到莲蓬，内有莲子，地下茎则长成莲藕。

至于睡莲则是睡莲科睡莲属，叶片有缺口而没有绒毛，会沾水滴，叶自根茎生出且浮生于水面，所以叫做睡莲。其有些种类是于子夜后开花，而于下午闭合，可连续数日反复开闭，故又名子午莲。此外睡莲也没有莲蓬及莲藕可供采收。

荷花

睡莲

莲花要怎么繁殖？ 适合什么土壤？

莲花的繁殖大多采用**分藕繁殖**，将莲蓬前端三节处切取下来作为种藕。分藕繁殖的新株可保持原株的生长、开花特性，且当年内即可开花。如果是用莲子播种繁殖，播种前须先将莲子凹入的一端以利器割破一小口，再投入 26~30℃ 微凉的水中浸泡一天，使其完全吸水后再置入含肥沃介质的泥水盆中，在 20~30℃ 环境下，约一周内可发芽。莲花一般都喜欢强日照、高温潮湿的生长环境，栽培介质以富含有机质的黏土或壤土最为理想，亦可直接挖取池塘或水池底土运用。

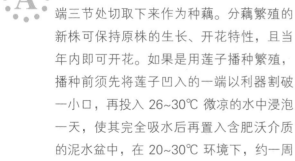

莲花要种在日照强、潮湿环境。

睡莲优雅芬芳，取切花做观赏为什么没几天就枯萎了？

 睡莲虽然花期长达两三个月，但单朵花花期约只能维持一周，盛开仅 3~5 天。若剪取作为切花，因脱离母体，其水分、养分的供应受阻，内部荷尔蒙平衡发生改变，而促使老化荷尔蒙的产生，导致切花枝的花朵较易加速凋谢。此外，开花的花枝若贮存较多的养分，在作为切花时可有较久的观赏寿命。因此采收前假如施用过多尿素，可能易使植株生长过旺，而减少切花枝的贮存养分，也会影响到切花寿命。

摄影／邱如仁

睡莲

要怎么延长睡莲切花的观赏期？

 想要延长睡莲的观赏时间，有 5 个方法可以运用：

1. 提早在花苞期采收，且剪取切花时尽量保留根部和叶片，以利水分吸收和养分的供应。

2. 保持室内温度的稳定。通常在较低而稳定的室温以及湿度较高的环境下，可使其代谢速度放慢，水分散失较缓和，可延长切花寿命。

3. 放置处应通风良好并避免有室内烟雾（如香烟或厨房油烟、热气等的环境），也不要放在冷气或风扇的出风口或门窗的进风处。

4. 睡莲切花剪取时，先将切花枝倒着冲水，让蓬松、海绵状的切花枝灌满水，赶走空气后，再插入水中并在基部切口涂抹盐巴，或放在水

中再重剪一次，可利于水分的吸收，避免吸水管柱的阻塞。此外，瓶内水分最好两天更换一次，以保持水质干净。换水时，可同时再剪取切口以继续保持良好的吸水能力。

5. 使用保鲜剂。市售的保鲜剂成分主要含糖分、杀菌剂和乙烯抑制剂，可依商品的标示建议使用。此外，亦可自行调制简易的保鲜液。例如：透明汽水加 1~2 倍的清水稀释使用；或清水中加入 3‰的食用白醋；或 1 升的清水加入 1~2 毫升的漂白水。

水生植物怎么种？ Q139

水生植物大多需要充足光线，种植的位置最好能有阳光直射，因此室内较不适合。四大类型水生植物，它们在栽种方式、需要的水位深度、是否需要底泥等方面也有差异：

挺水型

挺水型的植株较高，需要种入底泥，水位10~50厘米，较不适合使用矮扁的容器。

摄影／陈坤灿

挺水型的花菖蒲需要种入底泥。

浮水型

由于浮水型植物的根细漂浮在水上，因此水位高度不限，能装水的容器就可以种植。

摄影／陈家伟

浮水型可漂浮生长。

浮叶型

由于叶片会平贴水面，所以水位高度会影响叶柄或茎的生长，一般是种在有底泥的容器，水位10~30厘米。

摄影／王正毅

浮叶型的要留意水位需足够。

沉水型

沉水型适合使用透明容器来栽种，这样才能欣赏其小巧可爱的叶型，而且颇具清凉消暑感。

摄影／王耀贤

沉水植物可与小型鱼类搭配饲养一起美化鱼缸。

若没有水池，可以用水缸种莲花吗？ Q140

若无法以水池栽培莲花，也可用水缸或大型花盆栽培。莲花依花形大小还可分为大花型（花径20厘米以上、花梗达90厘米以上）、中花型（花径15~20厘米，花梗51~90厘米）、小花型（花径10厘米左右，花梗小于50厘米）。

通常大、中花型品种采用的盆口径应有40~50厘米以上，高度60~70厘米；小花型品种的盆口径应有20厘米以上，高度30厘米。若是家庭栽培因空间有限，以小花型品种较适合。栽培时，盆器先填入介质至3/5盆的高度，再植入莲花植株。水位初期仅需数厘米即可，日后随植株生长逐渐加深。最后，小花型的水位约维持10厘米；大、中花型维持20~30厘米。水位不足时应充分加水，到了冬季，因莲花处于生长缓慢的休眠期，不必经常加水，保持在浅水位即可。

摄影／邱如仁

居家可以使用水缸或大花盆养殖莲花。

种睡莲的土要怎么调配？

 栽植睡莲的土壤以天然池塘或水池底土为佳。若取得有困难，亦可自行调配培养土。以5份土壤加半份骨粉和半份油粕，充分混合后加水润湿，置放约一个月使其发酵腐熟后，**再混合5份土壤**，即可拿来栽种睡莲。

种睡莲的水位需要多高呢？ Q142

 栽植睡莲时不可缺水，但水位的深度很重要。种植初期或萌芽前，水位应先保持在土面上5厘米高，随萌芽生长而逐渐加深至10厘米，最后，使水保持20~30厘米深，亦即使水位与叶柄呈45度角最适合。如水池较深，应将种植盆垫高，并注意保持水质清洁，随时将残枯叶片摘除。

摄影／郑锦屏

睡莲的水位20~30厘米深。

种植睡莲需不需要施肥？ Q143

 要让睡莲生长开花良好，可以在种植初期的土中混入基肥。生长开始可施用奥妙肥、仙肥丹等长效性肥料，将它们压入盆土或底土，以利根部吸收。若个别粒肥不易压入，可将肥料装入旧丝袜或以纱布包好再塞入盆土中。

摄影／萧维刚

肥分足够，睡莲生长良好。

为什么迷你睡莲从夏天养到隔年春天都没有开花?

迷你睡莲是小花型睡莲种类中迷你型的碗莲品种,其花梗长度在 30 厘米以下。

若养了好一阵子都没有开花,可能的原因有:

1. 植株尚处于幼年期。尤其是播种繁殖者更有可能如此,此种情况,只要植株继续长大即可自然开花。

2. 光线不够充足。睡莲喜欢阳光,盆栽需放于通风且全日照场所,才能顺利开花。如果有老叶、残叶,宜除去以免遮光。

3. 施用过多氮肥。过量的氮肥会造成枝叶生长良好,但不易开花的情况。因此,应注意叶子是否有生长过于旺盛的现象,若有则增施有机肥或磷、钾为主的长效化肥,以网袋装粒肥后压入土中。

4. 水位不当。迷你睡莲随叶片增长,应逐渐加深水位,至开花期以 20~30 厘米深较适合,太深或太浅均不适宜。

摄影/陈熙伦

迷你莲在有限空间下仍可生长开花。

蔬菜果树篇

食品安全愈来愈受到重视，家里小小的空地、屋顶或是阳台，都可以运用来种植蔬菜水果。而想要吃天然无农药的蔬果，从种子、介质选择到施肥管理也都要比一般植物来得慎重。只有这样才能吃得安心健康。

蔬菜果树篇

播种与食用

想种蔬菜，应该买种子还是菜苗？又该怎么选？

Q145

A 叶菜类蔬菜直接播种的成功率高，不过需注意播种间距，让蔬菜有空间生长。豆类和萝卜也适于在土里直接播种。选购种子时，必须注意种子的新鲜度，挑选当年的种子，成功发芽率较高。到菜苗店选购菜苗，好处是专业育苗的菜苗一般都很健壮，日后能生长发育良好且较能抵抗病虫害，以挑选叶片健康、饱满，没有病虫害痕迹者为佳。

摄影／何忠诚

播种后 30~40 天即可采收，适合新手栽种。

买回来的蔬菜种子一时种不完，该怎么保存？

Q146

A 大部分蔬菜及小粒的种子，保存前应先将种子充分干燥，尽量降低含水率，再密封贮藏于低温干燥的环境，如此可贮藏一年以上。

摄影／王正毅

种子要贮藏在低温干燥环境。

买回来的苦瓜、山苦瓜，剖开取出的籽可以直接拿来种吗？

A 苦瓜或山苦瓜的籽，取出来之后，先放在通风的地方让它干燥几天，然后播于湿润的培养土，覆盖 0.5 厘米左右的土壤。大概 3~7 天种子就可以发芽，它长到一个月大的时候，就需要立支架供攀爬。适合播种的月份则是 4~6 月，栽种过程若是水分不足，苦味则会比较重。

苦瓜籽先干燥再播种。

种到大约花谢后 2~3 周即可采收。

为什么柠檬种子种了两三周都还没发芽？

A 柑橘类的种子可忍受本身含水量低至 10%。但若是贮藏过久，或之前是贮藏于非常干燥低温的环境下，种子就会丧失发芽能力，以致种了许久都不见发芽。

热带果树的种子都不耐低温干燥的环境。

什么季节适合播种草莓？

草莓播种适期在春季或秋、冬季，种子发芽适温 20~25℃。将种子撒播在湿润的蛭石或细蛇木屑，或者富含有机质的砂质壤土上，活力佳的种子 15~20 天就能发芽，待本叶长出 4~5 枚，再移植至庭园或盆中即可。

植物小档案　**草莓**

草莓为蔷薇科的多年生草本植物，富含维生素 C，有"活的维生素"之称。我们食用的一粒草莓"果实"其实是一个"聚合果"，主要食用部位是由花托发育而成，真正的果实是红色外表上一粒粒坚硬的东西。每一小粒是一颗果实，紧包着一粒种子，所以一粒草莓"聚合果"，含有许多真正的小果实（种子）。

摄影／王正毅

我买了草莓种子来种，为什么都没有发芽？

草莓种子若贮存时间过久，便会失去活力而不易发芽，而且使用种子播种的苗株容易产生变异，失去一些优良特性，所以一般草莓栽培多以分株或匍匐茎苗繁殖。

摄影／陈家伟

可以拿吃完的水蜜桃果核来种吗？

 水蜜桃种子若播种在平原地区，很可能会因低温不能满足其需要而很难开花结果。再者，果树栽培为了保持品种优良特性，通常不采用播种繁殖，而是使用嫁接方式。若想尝试播种，要先经过层积处理，让种子熟成才能发芽。做法是将种子与湿沙混合或分层层积，盛入木箱等容器中，置于2~7℃的环境中3个月，例如冰箱的冷藏室。等到春季播种前，再将种子取出浸于清水，使其充分吸水后再播种。若是果核的外壳坚硬、不易裂开，可将果核打碎后再行播种，以利吸水发芽，但注意勿伤害到胚芽部分。至于播种的介质，只要通气、排水和保水性良好均可。

紫苏要怎么食用？ Q152

 紫苏最常见的食用方法，是摘取新鲜嫩叶洗净晒干，事先以面粉加蛋、糖、盐、味精搅拌成糊，再取紫苏叶沾面糊油炸，即是一道味甘可口的日式佳肴。此外，新鲜的紫苏叶片，可与苹果、凤梨、柠檬等多种水果搅拌成果汁饮用；其茎叶也可拿来腌渍酸梅或作为各种酱物的芳香味料和调色剂。

摄影/王正毅

紫苏独特的气味，还可当成海鲜料理的辛香料。

紫苏有好几种颜色，用途一样吗？

A 紫苏具有特殊的色泽和香味，可供作食用、药用、着色剂和香料，日本人尤其喜爱。因品种而异，用途也有差异。

攝影／王正毅

青紫苏和红紫苏。

红紫苏／皱叶紫苏	茎、叶及种子主供药用（镇咳、镇痛及利尿剂），亦可做食品、糕饼、盐渍物的香料及着色用
白紫苏	香气最强，主要供作香料
半面赤紫苏	紫红色素含量最高，最适合做天然着色剂
青紫苏	叶片主供食用，花穗可萃取香料或精油

丝瓜水要怎么采集？ 怎么使用？

 A 在傍晚将老株的茎蔓斜向切断，将断面插入干净的瓶子中接取汁液。瓶口要封好，避免露水和异物进入。放置一晚，即可取得约一升的丝瓜水；若瓶满，可再另取一空瓶继续接取。若白天高温，瓶子要用纸板或厚布遮盖，避免曝晒。采集下来的丝瓜水，起初会冒气泡是正常发酵现象，等气泡消失、混浊物沉淀之后，可取上层清澈的丝瓜水装入小瓶子或喷雾瓶，作为化妆水之用，或拿来敷脸，倍感清爽、保湿、滑嫩。

想要在家里种植小白菜等叶菜，要怎么种？

栽培小白菜等生长快速的叶菜类，所选用的介质以肥沃、保水、保肥及排水良好的较佳。播种用介质最好不要含有肥料，以免幼小的根系遭受肥害。一般以撒播种子或固定间距的点播方式，每 5~8 厘米种一株。若是以栽种箱来种植，底部排水口如果过大，会造成土壤流失、地板肮脏，可以先如下处理：

步骤1　在箱子底部铺上一层纱网。

步骤2　倒入石头，铺满箱子底部。

步骤3　填满培养土再挖穴种入种子。

摄影/陈家伟

生长快速的叶菜类，除了培养土中应加入基肥外，每周一次的追肥亦不可少，可选用含氮较高的速效肥稀释后使用。由于根系浅软，必须注意浇水，不可过于干燥，以免影响生长；但也不可积水，以免根部窒息而死。

买了有机培养土来种菜，为何生出许多蚊蝇？

使用有机培养土，如果培养土中含有未完全发酵的有机肥，就可能会滋生出蚊蝇，而且会因为发酵产生高热，影响作物生长，建议更换新的介质。

摄影/陈家伟

未完全发酵的有机肥，会滋生蚊蝇。

在顶楼用箱子种菜，浇水怎么避免泥水四溢？

 在顶楼种菜，可以运用双层盆架的栽种方式。例如使用泡沫塑料箱种菜时，把上层箱子打洞并种上菜，浇水时多余的水分会流到下层水箱收储起来，一方面可避免带着泥沙的水四处流淌，另一方面，下次浇水还可从下层水箱舀水来浇，达到省水效果，一举两得。

上层箱底打洞，交错叠置。

多余水分，下次浇水可以再运用。

听说种过萝卜、花椰菜等十字花科蔬菜的土不能再用了，是吗？

 盆土栽植过**十字花科**的植物后，确实不适合再次栽植此类作物，因为同类作物吸收土壤中相同的养分，连续栽植会使作物生长缓慢、枯萎死亡或易发生病虫害等。此现象称为**"连作障害"**。像是**胡瓜、丝瓜、扁蒲**也不适合连年种植。建议可更换新介质使用，而原先的介质则混合使用于别的盆栽中，以改良土壤。

萝卜

黄瓜

会有"连作障害"的蔬菜，不宜连续种植。

种植瓜类一定要搭设棚架或支柱吗？

A 黄瓜、苦瓜等瓜类植物，会利用卷须缠绕攀生在棚架上，或直接在地上蔓延生长。如果是种在都市里，大多没有足够的空间任其在地上生长，且地上太潮湿，容易使黄瓜产生病害，因此最好还是搭棚架、网架或支柱供其攀爬。阳台上的铁窗也可当成现成的支架，让瓜类攀爬。

摄影/陈熙伦

种植瓜类需要攀爬空间。

黄瓜适合哪个季节播种？要怎么照顾？多久可以收成？

A 黄瓜适合在春天或秋天播种，且性喜温暖，生长适温为20~30℃，在强光下生长开花最有利，但水分供应须充分，尤其生长期间因黄瓜生长快，需水量较多。因此夏季浇水时约一天两次（早晚各一次），春、秋两季时约一天浇水一次，冬季时1~2天浇水一次即可。至于栽培介质，黄瓜喜湿却又不耐积水，因此宜选用排水良好且富含有机质的砂质壤土。施肥则1~2周用一次含三要素的速效性化肥。若想使黄瓜枝叶生长茂盛增加产量，提高绿化效

果，则盆栽容器应大一些（盆径最好在35厘米以上），并于本叶（真正的叶子，不含子叶）5、6片时摘心（把嫩芽摘除），以促使子蔓萌发，再将子蔓诱引至我们希望的位置。

黄瓜播种后约两个月即可收成，小黄瓜（雌花）通常在开花后5~7天采收。甚至还有人早在花朵刚凋萎时即采下它，这些带花的小黄瓜，叫作"菜瓜"或"花瓜"，最常用来腌渍成酱瓜。

摄影/王正毅

黄瓜

摄影/王正毅

菜瓜

听说一颗马铃薯可以切成好几块来种，怎么做？

A 马铃薯块茎的一端有顶芽，周围有侧芽，侧芽凹入处称为"芽眼"，利用芽眼即可长出新的幼苗来培育马铃薯。取健康优良的马铃薯，放置于阴凉处，先以不透光的布覆盖遮光约两天，使新芽整齐萌出，再除去覆盖物，仍于阴凉处接受间接光照，使芽体长大。切块时，每一块须带一芽眼，切块后先晾干使切面干燥，形成皮层后再行种植，以防栽植后发生腐烂。建议在9~11月种植，在此间种植，应可在12月至隔年3月间收获。

种马铃薯，切割时每一切块都须带有芽眼。

紫苏要怎么种？日照要多吗？

A 紫苏的生长适温18~28℃，喜欢肥沃的壤土或砂质壤土，日照须良好。因此紫苏栽培时多采全日照栽培，夏天则可给予半日照或稍加遮阴。适时摘心可增加分枝，提高收成。

紫苏色泽和芳香俱佳，兼具食用、药用和观赏价值。

长出8片叶子时可摘心，促进分枝。

如何打造绿荫浓密的丝瓜棚？

A 种植丝瓜需要搭建棚架，或者让它沿着围墙、铁窗或篱笆攀爬。如果种植的目的是希望生长快速且枝叶茂盛，可施用以氮肥为主的肥料，而且浇水亦须充足，让其主蔓快速生长，并随时摘除侧蔓，等到主蔓爬上棚架之后，再行摘心（摘除顶端的嫩芽），让支蔓萌生并在棚架上均匀伸展。等到枝叶爬满覆盖整个棚架，施肥可改成以磷、钾肥较多的肥料，以促其开花结果。

至于栽植丝瓜的盆器，原则上是愈大愈好（盆内以砂质壤土为佳），因根系生长的空间愈大，愈有利其枝叶之伸展。具体而言，盆器深度最好 50 厘米以上。

摄影/陈熙伦

施用氮肥，浇水充足，可促进丝瓜茎蔓生长，加速成棚。

如果没有栏杆可让瓜果类攀爬，怎么做一个小型攀爬架？

A 栽种小型的瓜果类，如小黄瓜、山苦瓜，或是豆类，假如空间不大，可以利用竹子和绳子编出简单的平面攀爬架。

在花盆两侧先立好竹子，然后利用麻绳绑成格状网子。

嫁接的芒果，要多久才能采收果实？

A 一般而言，于当年春、夏季节嫁接芒果，第二年即可开花结果。但此时植株太小，不适合结果以免影响果树生长，建议在小果期间就将果实整个剪除，促进分枝，待第三年再开始收获果实。此外，芒果于开花期间若逢低温或春雨，容易因为授粉不良或罹患病虫害而影响结果，所以最好有适当的防风挡雨措施。若是盆栽，建议把它移到阳光充足之处，对结果较有利。

听说可以把一株草莓再分种成好几株，怎么做呢？

A 成株的草莓能自然丛生或形成匍匐茎（老茎），横生的匍匐茎上有节，节上可形成一株草莓的小苗。所以可将丛生的草莓直接切段栽植；或将匍匐茎节处以土覆盖（若母株为盆栽，可在母株旁再放装有介质的小盆子，将匍匐茎压入小盆的介质中），等小苗生根后，就可以把它与母株切离栽植。如此，一株草莓就可繁殖出好几株小苗。

阳台或者顶楼，能不能种植果树？

A 在有限的空间中，可以利用较深的种植箱来种植果树，或是购买可以堆叠的组合式种植箱，让土壤深度足够。并依照果树生长状况来加设支架，且随着植物生长逐渐增加其高度。

居家使用种植箱来种植果树。

要怎么利用厨余堆肥来做种菜肥料？会不会有臭味？

A 想制作不臭的堆肥，应尽量选用落叶、果皮、叶菜等植物性的原料，与透气的堆肥箱，制作后放置在通风处。制作方法：第一次先放一些椰纤泥炭土在厨余箱作底，若无椰纤泥炭土，可改用培养土或种过植物的泥土。再将切碎的厨余放入，压扁压实后并撒上市售已腐熟的有机肥或益菌作为菌种以加快堆肥完成，亦可在堆肥最上层加上一层干燥咖啡渣（3~5厘米厚），如此可降低异味，2~3个月后厨余会呈深褐色，土质松软，无臭味且具土壤气味，就是堆肥腐熟可使用了。

摄影／陈熙伦

使用厨余制作天然肥料。

开花、结果、病虫害

为什么用盆器种出来的四季豆愈种愈小了？

A 四季豆也是会有"连作障害"的类型，解决之道就是先从土壤改进开始。如果土质已变硬，可将土壤从盆器中取出，弄松后再加一些泥炭土或堆肥之类的有机质肥料（用量约原土量的1/3~1/4），搅拌均匀后使用。如果前季种植的蔬菜曾感染病虫害，则原土很可能已受病原感染，土壤最好曝晒消毒后再使用。

摄影／王正毅

四季豆会有"连作障害"，要注意改良土壤。

山苦瓜的叶子上出现一层白粉状物质怎么办？

 山苦瓜苗株出现的白粉状物质为瓜类的白粉病。该病最初是在叶片上产生白粉状斑点，后来渐发为灰色或暗灰色，上面产生黑色孢子小点，之后病斑扩大、布满全叶，终使叶片枯萎死亡。病斑上的分生孢子会借风传播，多在春、秋两季，干燥及光线不足的环境下危害最严重。改善之道首要将染病植株或部位拔除，避免白粉状物质飘散，其次将植株移至光线充足处，并减少浇水和施肥，植株之间勿种太密以保持通风良好。

植物小档案　山苦瓜

山苦瓜是葫芦科的蔓性草本植物，和苦瓜血缘极近似，是苦瓜的变种，在山郊野外经常可见，因此习称"山苦瓜"或"野生苦瓜"。山苦瓜与苦瓜一样含有苦瓜素，故带苦味，煮后转成苦甘味，有促进食欲、解渴、降火、解毒、祛寒之功效。

摄影／王正毅

自己种的芽菜，根部为何出现白色棉状物？还能吃吗？

 芽菜一般播种后 1~2 周，长度 5~10 厘米即可采收。此时若根部出现白色棉状物且有异味产生，则表示已发霉不宜食用了。栽培容器要以煮沸热水消毒之后再重新使用，而种子也可以先使用 80℃ 热水浸泡5 分钟，做简单的消毒后再来栽种。栽培场所要注意通风，每天浇水 2~4 次，即可种出干净又健康的芽菜。

摄影／李国良

芽菜富含多种维生素、矿物质，鲜嫩可口，适合生食。

为什么种了辣椒只开花不结果？

 辣椒喜欢温暖干燥的气候，生长适温20~30℃，但结果时的温度以 20~25℃最适宜。当温度低于 15℃ 或高于 32℃，它就不易结果了；日夜温差过大、水分供应不足，也很容易引起落花和落果。

摄影/陈家伟

温度和水分不当，是辣椒开花不结果的主因。

种在阳台的柠檬为何花果都小小的就掉落了？

柠檬在亚热带地区几乎全年均可能开花，尤其在一段时间的干旱（缺水）或低温之后，因生长减缓或停顿，更容易冒出大量的白色小花。花朵在充足的养分供应下，经 3~4 个月可发育为成熟的果实。但若养分有限、花朵太多或枝叶太过茂密，均可能造成落花、落果等现象。改善的方式有：

1. 适度疏花、疏果：因盆栽柠檬的根系受限，枝叶量自然不如田间或庭园栽植的植株。盆栽植株有限的枝叶量，无法确保所有花朵的结果所需，故盆栽柠檬在开花成幼果期间，最好疏除 1/3~2/3 的花朵或幼果，以确保其余花朵或幼果正常发育。

2. 适量浇水、施肥：柠檬虽暂时性干旱可促其开花，但开花后应供给充分的水分，否则易引起落花、落果。施肥应以磷、钾肥为主，以促进果实的发育长大。

家里种的金橘如何才能像花市卖的那样结实累累？

 想要让家里栽种的金橘结实累累，有以下几个照顾要点：

1. 充足的光线和稳定的环境，才能制造充足的养分，供应金橘开花和结果的需要。开花期间最好是晴朗无风，若遇阴雨刮风，应有防护措施。

2. 适时疏花、疏果：盆栽金橘不比田间或庭园栽植，由于根系受到限制，所累积的养分当然较少，因此应疏除一些花朵或幼果，使养分集中，进而结果成熟。

3. 开花期和着果初期，浇水量要比平常减少，同时不宜施肥，否则易引起落花、落果。待幼果约如大豆大小时，才可增加浇水量和施肥，施肥要以磷、钾肥为主。此时如发现抽生新梢，必须将新梢摘除，以免消耗大量养分。

摄影／陈家伟

修剪超过盆栽外围的枝条。修剪点落在节和节之间，靠近下方的芽点。

摄影／陈家伟

几个月后会生长更多侧芽，促成较多的结果数量。

植物小档案　金橘

　　金橘是柑橘类中树形最矮小、果实最小的，但因其果肉酸味重，果皮具有甜味，故较少直接鲜食，而是加工制成蜜饯、果酱或橘饼等。栽培的品种以"长果金柑"最为普遍，果实为长椭圆形，果皮略带苦味，果肉酸味强，多供加工之用。其次为"圆果金柑"，果形小，呈圆形，果皮不苦，果肉酸带甜，可直接食用。

　　金橘栽培于海拔 500 米以下的山坡地，采收期为 11 月下旬至翌年 2 月中旬。

摄影／陈家伟

柠檬树种了2年多，为何都没开花结果？

 柠檬一直没有开花结果的原因可能有：

1. 植株仍处于幼年期：一般柑橘类的幼年期长达6~8年，如果种了2年的植株是用种子播种长成的，可能它还处在不会开花结果的幼年期，若希望缩短幼年期，应采用嫁接法种植。取已开过花的枝条切断作为嫁接的接穗，嫁接在砧木上。

2. 光线不足：植株即使已脱离幼年期，但若照顾不足仍不易开花。应尽量将其置于充分日照环境下。

3. 未修剪或修剪不当：植株若太茂密，容易相互遮阴又互抢养分，自然不易开花。此时应疏除一些细弱枝条，促使通风透光，并加速留存的枝条成熟开花。

摄影/陈家伟

柠檬

柚子苗种到半个人高了，发现叶子被毛毛虫啃食，怎么办？ Q176

 柑橘类常见的虫害有潜叶蛾、介壳虫、粉虱类、螨类、星天牛及凤蝶等，其中以凤蝶的危害最为显著可见。凤蝶的幼虫为大型幼虫，常侵食柑橘类的有无尾凤蝶、凤蝶及黑凤蝶，三者的幼虫类似。当发现毛毛虫（就是上述蝶蛾类的幼虫），最环保的方法就是直接捉掉，因为毛毛虫体积大较容易发觉。但若毛毛虫非常多，可以使用药剂"苏力菌"，每周喷施一次，连喷两次，可防治小叶蛾及纹白蝶。

摄影/王正毅

居家栽种发现毛毛虫可以直接抓掉，减少用药。

果树上的虫，如果不想洒农药，可否自己调制驱虫水？

 简易的驱虫水有以下3种可以自制使用：

1. 工业用醋加醋量20%的辣椒切碎，浸泡一个月过滤后喷施，可防治毒蛾幼虫。

2. 薄荷汁液可防治蛾类。

3. 到中药店购买"百步"，一份百步加10份水，煮至水滚后续滚10分钟熄火，待凉后过滤汁液，稀释100倍喷施，可防治毛毛虫及毒蛾等幼虫。

要注意的是，使用自然农药制剂，常会有效果不稳定的现象，可间隔一段时间重复喷洒，或更换配方。

栽种薄荷、迷迭香，或一些葱、蒜有强烈味道的植物，也有天然的驱虫效果。

我种了一棵酪梨，为何枝叶茂盛却都不开花结果？

 种植酪梨未能开花结果，可能原因如下：

1. 仍在幼年期。酪梨用种子播种的实生苗，至少要5~7年才会开花，故大规模培育大多以嫁接方式栽种。

2. 光线不足。若非实生苗，不开花最可能的原因是建筑设施遮阴造成光线太弱，以致养分蓄积不足，枝梢细弱、难以开花。

3. 氮肥施用过度，造成枝叶生长旺盛，却没有多余的养分用于开花。此时应停施氮肥，改施磷、钾肥，并减少浇水。

4. 酪梨即使开花，其雌雄蕊也通常于不同时间开放，所以开花不结果的情形很普遍。最好能多种一两棵或以人工方式助其授粉，才易结果。

如何提高释迦的产量？

想要提高释迦产量，以人工授粉最具成效。可于开花期间下午四时左右，以毛笔沾取花药已开裂之花粉，涂抹在他朵雌蕊刚熟的柱头上。在果实初发育的幼果期，可疏除部分小果，让养分集中于留下来的果实进一步发育，确保品质。

摄影／王耀贤

释迦

为什么种出来的释迦外形歪七扭八？

释迦别名"番荔枝"，一般在 4~9 月开花，花后约 100 天果实成熟。通常果实盛产期在 7~9 月，此时正逢夏季高温和台风豪雨的季节。释迦假如在开花着果期间授粉、受精不良，均易引起果形变小或产生歪七扭八的畸形果。释迦在异常高温时会导致花粉活力降低，花粉管发育受阻；连续雨天则会将花粉冲掉。这些因素都会造成畸形果实。

近来流行的香菇太空包，为什么能长出各类香菇？

香菇太空包里面是以木屑为栽培基质，另外还包含米糠、粉头、碳酸钙等辅助材料，可提供菇类生长需要的养分。而且市售改良过的太空包，菌种和成分比例都特别经过调配，让一般大众在家里只要喷喷水，就能享受采收不同种菇类的乐趣。

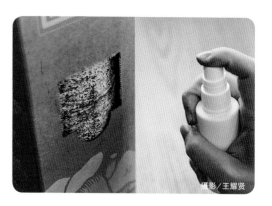

摄影／王耀贤

香菇太空包，可在家里当个小菇农。

菇类太空包有绿色发霉怎么办？

 假如木屑上面有绿色发霉状况，要尽快将看得到的发霉部位挖除，并停止喷水几天，等发霉状况停止，再喷水复耕。如果发霉状况已经超过 1/3 的太空包，建议将其丢弃或做成厨余堆肥。

为什么葡萄叶上布满蜘蛛网？会影响结果实吗？

 葡萄叶长了蜘蛛网，可能是感染了红蜘蛛的叶螨类。叶螨的体长仅 0.3~0.5 毫米，呈绿、黄绿、黄、橙、红、红褐等色，有八只脚，通常栖息在植株较成熟叶片的背面。因此初期它不易察觉，在高温干燥的环境下增殖很快，主要是吸食叶片汁液，使叶面呈现许多灰色斑点和皱褶，数量多时在植株上甚至会产生如蜘蛛结网的现象。叶片之后转为黄褐色而掉落，严重时植株会枯死。

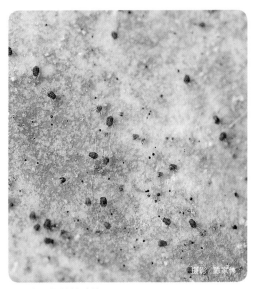

摄影／陈家伟

感染红蜘蛛的叶片。

要怎么去除葡萄叶上的蜘蛛网？

 栽植葡萄应定期检视植株中、下部位叶片背面有无吐丝结网现象，早期发现症状，应立即喷施洗衣粉稀释液（洗衣粉 1 克加水 1 升），或红辣椒浸泡液（红辣椒 25 克切碎，加水 1 升浸泡一夜）。危害较严重时，可喷施杀虫剂进行扑杀。

为什么果树的茎和叶面长了白白的东西？

A 茎、叶面长了白白的东西应是染上白粉病。此病菌喜欢冷凉干燥的环境，高冷地育苗较易发生此病。一般专业栽培常以各种杀虫剂喷施防治；家庭园艺栽培若不想要喷药，则应慎选健康苗株来栽种，偶尔发生应即早将病叶摘除。

摄影/陈家伟

感染白粉病的叶片。

种的草莓或蓝莓，有鸟儿来偷吃怎么办？

A 香甜可口的莓果，常常吸引鸟儿来啄食。可以在果实尚未成熟前，用纸折成三角袋状来包覆果实，或是用纱网将栽培箱罩住。

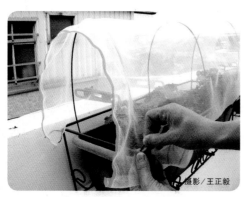

摄影/王正毅

防范鸟儿啄食。

摄影/王正毅

香花植物篇

怀念野外那股自然的花香气息吗？在家学种香花植物，除了可以欣赏美丽的花，还能让窗边、庭园及阳台散发怡然的花香味，甚至是吸引蝴蝶闻香而来，形成丰富的生态小花园。

香花植物篇

什么是香花植物？

Q187

A 不论草本或木本植物，只要是花具香味的，都可统称为香花植物。更有趣的是，许多香花植物的花朵都是白色的，而且晚上还更香，这是为了吸引昆虫在夜间更容易寻觅到，好帮助植物借由昆虫移动来完成授粉、繁衍。

摄影／王耀贤

香味浓郁的野姜花。

常见的香花植物有哪些？

Q188

A 香花植物大多是木本类，像是桂花、树兰、夜香木、夜来香、玉兰花、七里香、玫瑰、含笑花、栀子花、缅栀、茶花、香水树、蕾丝金露花等等。草本的香花代表则有野姜花、百合花、紫罗兰、香雪球、昙花、紫茉莉等等。

摄影／叶子

木本香花——栀子花。

茉莉花要怎么插枝繁殖？

Q189

茉莉花扦插繁殖并不困难，在气温18~30℃的环境下，大约是在春季和早秋最适宜。通常剪取10厘米左右的枝条为一段，枝条以半成熟（即部分木质化）者为宜。若要提高发根率，可先在基部沾上发根粉剂，再插于砂床中或排水良好的介质，插入深度3~5厘米，插入部分若有叶片应去除，并保持介质湿润，正常情形可在一个月左右发根。

茉莉可在修剪后选取半成熟枝条作扦插。

茉莉新长的枝条为何都很细长杂乱？要怎么修剪？

Q190

种植茉莉要趁冬季强剪，到了春季它就会萌生许多新枝。这些新枝可以进行一次摘心，以抑制新枝太长而杂乱，并可促进分枝，整体株形才会健壮。

春季时，茉莉会冒出新叶。

将顶端的新芽摘除。

摘心后的茉莉，会生长得更健壮。

栀子花何时需要修剪、施肥？

Q191

每年花谢后至8月前可进行一次修剪。8月以后，花芽已开始分化不宜修剪，以免影响隔年开花。修剪时剪除过密枝条及枯枝等，以利空气流通及阳光照射。春、秋两季可各施肥一次。若不采果则在花谢后将果子摘除，以免浪费植株养分。

想种番茉莉，它适合的环境和土壤是什么？什么时候开花？

番茉莉生性强健，栽培容易，庭园露地栽培或盆栽均可，若要开花良好，仍以充足的日照较佳，如枝条有徒长现象，就要减少氮肥供应；枝条若太茂密，可适当疏除一些以利通风，较有利于枝条的充实和开花。番茉莉的花芽在秋冬季形成，春季开花，因此秋、冬季只可疏剪过密枝条，较大规模的修剪应在春季花期过后进行。

摄影／郑锦屏

番茉莉又被称为"变色茉莉""五彩茉莉"或"五彩番茉莉"。

在花市看到垂枝茉莉，它也是一种茉莉花吗？怎么种？

垂枝茉莉又叫做玉蝶花，其实与茉莉没有关系，垂枝茉莉是马鞭草科，而茉莉则是木犀科。它的花序从枝端下垂，可以开出30朵花以上的花，花形类似白色蝴蝶，有扑鼻的香味。垂枝茉莉不耐旱，适合半日阴环境，全日照容易晒伤花瓣，而且要注意浇水，否则容易枯死。

摄影／陈家伟

像白色蝴蝶的垂枝茉莉。

栀子花能种在盆器里吗？

栀子花喜欢温暖潮湿的环境，露地栽培时要种在土层至少30厘米深、含有丰富有机质的壤土上，排水需良好，切忌积水不退。若要种在盆器中也可以，建议在土壤中混入一半的无土介质，以增加盆土的通气性。

摄影／陈家伟

栀子花的花朵还可作为香料。

栀子花多久需要换盆?

Q195

 栀子花生长快速且根系旺盛,对于台湾的环境极为适应。但于盆中种植两三年后,根系将布满盆中并开始老化,且吸收水分及养分的功能减低,将会影响植株生长。故它应每1~2年换土换盆一次,视植株更换较大尺寸的盆子,且建议在春季或秋季这两个较适合的季节里进行。

栀子花

如果桂花树长得过高,或头重脚轻,怎么办?

Q196

如桂花树主干很高而下部枝叶空虚,可将主干2/3高度以上枝叶全部截去,促使基部树干另发新枝。树冠过大而头重脚轻的植株,则可以剪去上部生长势强的枝条,保留下部生长势弱的枝条以均衡树势。此外,修剪后应加强浇水施肥,以利新芽的萌发和生长。

修剪庭院里的桂花树,什么季节比较合适?

Q197

 多数植物大规模的修剪,通常在生长缓慢的秋、冬季节进行,这样对植株的伤害较小。然而桂花的盛花期在秋天,如果冬天气候较为温暖,往往桂花可持续开放,此时修剪未免可惜。因此,若秋季花期就结束,可在冬季修剪;若冬季花期才结束,则可在冬春之际或早春萌芽前进行修剪。

摄影/陈家伟

香味宜人的桂花。

桂花盆栽何时需要换盆?

Q198

若土壤无硬化，或根系尚未长满整个盆土，可不用换盆换土。但如发现根系纠结老化（颜色变为深褐色）或已长出排水孔外，可选在4~5月换盆。先将盆土托出，小心剥除硬化的旧土（也就是外围约1/3~1/4的旧土），将纠结老化的根修剪好，再加入疏松肥沃的土壤一起植入新盆中。另外，地上部枝叶也可稍做修剪，以减少水分蒸发。

摄影／陈家槐

可使用斜口剪修去多余岔枝。

桂花树如何修剪?

Q199

修剪时，除需剪除枯枝、病虫害枝、过密枝和细弱枝，以利通风透光；还需对过长的枝条予以截短，以促使基部侧芽萌发，长出新枝。但修剪的枝叶量不宜超过1/3，否则易萌发徒长枝，影响下一次开花数量。

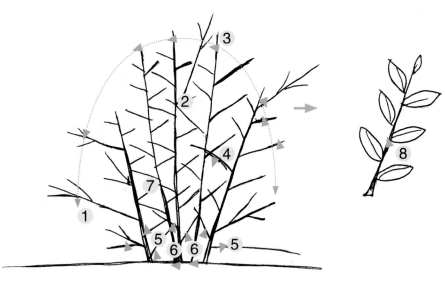

1 全株依"修剪假想范围线"进行修剪

2 剪除徒长枝

3 剪除过于扩张生长的枝

4 内部过长枝条可短截修剪

5 各分枝基部小枝可剪除

6 徒长枝可自基部剪除

7 内部的"不良枝"可剪除

8 修剪之角度应平行叶序方向，下刀修剪

栀子花种了3年，为何渐渐干枯了？

A 栀子花生长快速且根系旺盛，种植于盆中两三年后，根系就会布满盆中且开始老化。此时若不进行换土换盆将会影响植株生长。若再加上缺乏适当修剪、施肥等养护作业，当遇到强烈日照，就会因水分蒸散过多而有干枯现象。

为什么茉莉花苞还没长好就枯萎了？

A 最可能的原因有以下3种：

1. 栽植地点光线太弱。茉莉花喜欢充足的光照，当日照不足时，容易造成枝条徒长、细弱，以致开花少或花苞易枯萎。建议将茉莉花移至一天有4小时以上的直射光照处。

2. 栽植期间施用过多氮肥。氮肥施用过多，容易造成枝叶生长过度旺盛。应施用以磷、钾为主的肥料来改进。

3. 水分供应过于频繁，或是日夜温差较大。这些情况容易引起花苞枯萎现象，故入秋后植株生长较慢之际，浇水量应适度减少。假如夏季时开花顺利，到晚秋时才发生花苞早枯情形，则属季节变化的正常现象，不必担心。

为什么玉兰花一开花就掉落？

A
1. 水分管理不当。玉兰花喜欢土壤保持滋润，但不能积水，盆土过湿易造成根部受伤以致落叶、落花。但若盆中水分不足同样易引致落花、落叶。尤其在夏季高温时需水量大，宜每天浇一次透水，并时常对植株或周围喷雾。

2. 营养不良。玉兰花的花期自春至秋季，通常花期长的花卉都需要较多的肥分，因此玉兰花除盆土介质加入有机质或长效化肥作基肥外，开花期间最好一两周补充一次稀薄的液肥，以促进开花良好，尤其在夏、秋两季盛花期时。若植株叶片较浅绿或黄化，可能是肥分不足；但若枝叶生长良好，叶色极为浓绿，可能是氮肥施用过多，反而造成枝叶生长过盛，遇此种情形需多施磷、钾肥改进。

3. 光线不足。玉兰花喜欢充足的日照，当光照不足时，容易造成枝条细弱、徒长，开花少或易落且香气淡。若是如此，应把它移置光照充足处。

4. 温度变化剧烈。玉兰花性喜高温，但若一天中温度变化幅度过大（如白天阳光普照，而傍晚却有急雨使温差变大），亦容易造成落花。此种因素较难克服。

桂花不开而且叶片上出现褐色斑点，甚至末端干枯？

叶片上有褐色斑点可能的原因很多，以下针对桂花较可能发生的原因进行说明：

1. 虫害。桂花叶片易受红蜘蛛或介壳虫危害，造成叶片扭曲变形并在叶面出现斑点，此种虫体通常躲在叶背。

2. 病害。在高温、多湿，通风、透光不良时，容易发生褐斑病、赤斑病等病害，在叶面上产生病斑，而病斑可互相结合成大斑块，导致整片叶片枯死。至于末端黄化干枯，则可能是覆土太厚或种太深的关系，建议将表土挖除到能看见根部，再覆上薄薄的表土盖住根部，以免影响根部呼吸，使得叶片末端缺乏养分而黄化。

3. 日烧。桂花叶片受到太强的日照，尤其是浇水使水珠停留在叶面上时，容易因阳光聚焦作用而产生日烧现象，导致叶片上出现黄褐色斑点。

4. 寒害。冬季寒流来袭或气温突然降低，亦可能使叶片受寒露的侵袭而出现白色或黄色斑点。

5. 其他。浇水太多或不足、施肥过度或缺肥、空气污染等情形，虽大多导致叶片枯萎、黄化，或是叶尖、叶缘焦枯等，非上述叶片出现斑点的症状，但却可能强化前述的因素，而使叶片出现斑点的情况更加严重。

桂花叶片有异样，要逐一排除原因。

买了一盆含笑花，老板说全年都会开花。他是说一年会开好几次？

老板所谓全年可开花，只表示一年四季均有开花的可能。对每一株含笑花而言，开完花后，一定要重新生长，蓄积养分，在适当环境下才能再次开花。含笑花通常在秋冬季低温、生长缓慢期形成花芽，而在春天气温回升时开放，因此春季为盛花期。

含笑花在台湾全年可开花，春季为盛花期。

玉堂春要怎么照顾，花才能开得又多又美？

A 玉堂春在全日照或半日照下均可生长良好，它喜欢偏酸性土壤，所以盆土可多用泥炭土，施肥约 2~4 周施用一次三要素营养液。玉堂春的花期约在春末到夏季。若要促进多花，可采用摘心或修剪方式，以促进分枝并可在当年底形成花芽。

摄影／萧维刚

玉堂春是重瓣栀子花的一个品种，常用于盆栽种植。

去年买了一盆开花的树兰，花谢之后就没再开花了，为什么？

 A 树兰盆栽开过花后即未再开花，可能的原因有：

1. 日照不足。树兰栽培处日照须充足，荫蔽处则生育不良，且开花稀少或不开花。

2. 生育不良导致开花受阻。树兰的花序是由叶腋的侧芽所形成，但只有新生的侧芽才能形成花序而抽出，老化的侧芽不具此能力。也就是说，树兰必须有持续的枝条生长，才有新生的侧芽，才能开花。所以在花期过后可做适当的修剪促进新枝条的萌发。再者可能是您用了太多开花专用肥，反而造成氮肥太少，影响枝条的生长，若能适度增施氮肥，应可促进植株的生长和开花。此外，也可检查盆子是否太小或盆土是否已太硬，若是则应进行换盆换土。

3. 修剪过度。通常树兰若用于绿篱，常因成熟枝条不断被修剪，而萌发的新生枝条不够充实，以致无力开花。因此，可疏剪一些细弱的枝条，使留下的枝条逐渐成熟健壮，较有利于开花。

摄影／崔丽伦

树兰适于庭园栽植或做绿篱和盆栽。

花木篇

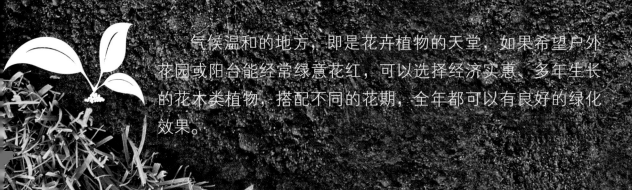

气候温和的地方，即是花卉植物的天堂，如果希望户外花园或阳台能经常绿意花红，可以选择经济实惠、多年生长的花木类植物，搭配不同的花期，全年都可以有良好的绿化效果。

花木篇

基本知识

什么是花木植物？ **Q207**

A 花木植物是指开花或结果具有观赏性，而以观花、观果为主的木本植物。

花木植物可种植观赏多年。

摄影／陈家伟

常见的花木植物有哪些？ **Q208**

A 常见的花木植物有杜鹃、樱花、玫瑰、山茶花、马缨丹、绣球花、麒麟花、山芙蓉、木槿……

花木植物观赏价值高。

摄影／何忠诚

杜鹃有哪几种颜色？ 听说还有紫色的？ **Q209**

A 杜鹃常见的花色有红、粉红、橙红、紫色和白色，如果对紫色杜鹃花有兴趣，可选择平户杜鹃类的艳紫杜鹃，其花色是深粉紫色，花心有红色斑点，在平原地区适应性极佳。台大校园内的杜鹃绝大多数也是平户杜鹃类。

杜鹃

摄影／何忠诚

听说玫瑰还分大、中、小轮花系统，是指什么？

A 玫瑰花品种繁多，且每年仍不断有新品种发表，通常依花朵大小和用途，可分成四大系统。

玫瑰系统	外　　形	栽种方法
大轮花系统	株高 80~120 厘米以上，花朵直径有 9 厘米以上，又可分为每一开花枝只开一朵花和可开 1~3 朵两大类	主要用于切花栽培
中轮花系统	株高 60~120 厘米，花朵直径 5~9 厘米，每一开花枝可开 3~8 朵，有些品种甚至可开至 10 朵	主要用于庭园或大型盆栽
小轮花系统	又称为迷你玫瑰，植株矮小，30~60 厘米，有些甚至低于 30 厘米，花朵直径 3 厘米左右，每一开花枝可开三至数十朵小花	适合盆栽栽培
蔓性系统	开花枝超过 14 节以上才形成花蕾的，属于蔓性玫瑰	主要用于攀爬花架、绿篱等庭园布置

摄影／陈家伟

大轮玫瑰——香水的喜悦

摄影／陈家伟

大轮玫瑰——贝琳达之梦

摄影／陈家伟

中轮玫瑰——光辉五月五日

摄影／陈家伟

中轮玫瑰——乌拉拉

在花市看到小巧可爱的迷你玫瑰，好照顾吗？

A 迷你玫瑰花朵虽较小，但花数多，花色齐全，有些品种还带有香味，且开花容易，几乎周年可开花。种植迷你玫瑰每天最好有 5~6 小时以上的日照，但夏季应稍行遮阴，浇水等盆土表面干了再浇。刚种时可添加有机肥料为基肥，生长期每一两周施一次三要素化学肥料作追肥。开过花的枝条必须做修剪，促使侧枝萌发，以利下次开花。

摄影／郑锦屏

迷你玫瑰——一株可结十几朵

夏天的时候在花市看到很像杜鹃的花，是什么花？

A 有一类杜鹃是在 6、7 月才开花，称为"皋月杜鹃"。"皋月"即农历 5 月，开花时已是夏季。皋月杜鹃叶片呈圆形、质厚且有光泽，树姿低矮，为盆景杜鹃的主要种类。除花期较晚外，其同一植株常可同时开出两种不同花色的花，或是同一朵花有两种花纹色彩变化。

摄影／魏丽萍

皋月杜鹃有花纹色彩变化。

圣诞红为什么买回来之后，反而渐渐返绿？

A 圣诞红花芽形成、发育至开花，要一直维持在短日条件下（也就是晚上的时间要超过 12 小时以上）。若发育过程它又回到长日状况或半夜长时间接受光照（如路灯、日光灯），则转红的苞叶可能就会再回复绿色而影响观赏品质。

摄影／陈家伟

圣诞红

一球一球的马缨丹就是一朵花吗？

A 马缨丹在春末到秋季盛开。远看时的一朵花，其实是一个头状花序，由多数小花聚集而成。花序上的小花由外往内开放，且许多品种的花色随成熟度会有颜色深浅不同的变化（例如黄色变粉红色或橙色变深红色），因此同一株上的不同花序亦经常显示不同的花色变化。

摄影／何忠诚

马缨丹是由数朵小花聚集而成。

迷你玫瑰可不可以扦插繁殖？

 迷你玫瑰很适合在春、秋两季扦插繁殖，剪取 5~10 厘米的插穗，每段至少含两三个健壮饱满的脆芽（若有花蕾应去掉），插于排水良好的介质中，置于明亮但非阳光直射处，3~4 周可发根。其他系统的玫瑰亦可以插穗繁殖，插穗长度可稍长些，10~15 厘米。

圣诞红是怎么繁殖的？ 播种或扦插？

 商业栽培的圣诞红品种，大多采用扦插繁殖，如果发根困难，可在插穗基部浸沾发根剂促进发根。圣诞红扦插约在每年花谢后的 3~8 月，一般采用顶芽，剪取约 15 厘米长的枝条。但要注意圣诞红剪取切口会流出白色乳汁，要让乳汁阴干再以清水洗除，才不会妨碍生根。

摄影／陈家伟

红宝石圣诞红

杜鹃要怎么扦插繁殖？

 由于杜鹃容易产生变异，因此多半用扦插繁殖，以保留与母本相同的优良特性。插穗适合选取当年生、稍微木质化的枝条，长度约 5~10 厘米，然后去除花苞、保留大约 1/3 的叶片来做扦插。栽培介质可以使用阳明山土、赤玉土等微酸性介质，而且以略有硬度的颗粒土为佳。

摄影／何忠诚

杜鹃

卖的绣球花盆栽买回家种得好吗？

 绣球花的生长适温为 15~25℃，夏季高温下宜在阴凉通风环境栽培，并注意水分的均衡供应，若是温度过高或水分控制不当，都难以形成花芽，影响赏花价值。

绣球花在山区开得较好。

摄影／何忠诚

听说控制土壤酸碱度就可以开出红色或蓝色的绣球花？

 绣球在花萼初展时呈绿色，继而乳黄、白色、淡粉红色，最后依其土壤酸碱度而决定最终的花色。通常在酸性土地 (pH 值 5.5 以下) 花色会呈蓝色；而在中性至碱性的土壤 (pH 值 6.0 以上) 呈粉红色至红色。常见的酸性土壤为森林腐叶土（如阳明山土)、泥炭土、砖红土。也可以用普通土壤加 0.1％ 的硫黄粉拌和均匀。如果土壤中原本就缺乏铝元素，即使将土壤调为酸性仍不易开出蓝色的绣球花，这时可以直接施用少许硫酸铝或浇灌明矾水来促进蓝色花的生成。

酸性土壤的绣球花会呈现蓝色。

摄影／徐裕庭

偏碱性土壤的绣球花会呈现红色。

摄影／徐裕庭

买了一盆马缨丹，该怎么照顾？ Q220

A 充分浇水：种植在充分日照的阳台或屋顶，春夏秋应每天浇水，冬季时 3~5 天一次。

适时修剪和施肥：若枝叶太茂密，容易相互遮阴，互抢养分或水分散失太多而导致不易开花。另外开过花的部位不会再开花，因此开完花后或枝叶太密时，可做修剪并补充速效的液体肥料，将可促进长出新枝，并可再次开花。

摄影／何忠诚

马缨丹花色多，有橙、红、黄、白、紫及粉红等。

朋友分给我一株麒麟花，该怎么种？ Q221

A 麒麟花属于多肉植物，因此极为耐旱，盆土不可过湿，可种入排水良好且富含有机质的砂质壤土。浇水次数少可较一般植物少，约盆土近一半干燥时再浇水，寒流来时停止浇水。若浇水发现易积水不退或排水不良，则应换盆换土。

摄影／萧维刚

麒麟花需要很多日照吗？要施肥吗？

A 麒麟花性喜高温强光，低温时叶片脱落，进入休眠状态，此时应保持盆土干燥，否则植株易腐烂。麒麟花在全日照、半日照下均可生长良好，日照愈充足，开花愈多。麒麟花生长期间，约每 1~2 个月施肥一次，肥料用腐熟有机肥或三要素化学肥均可。

麒麟花喜欢充足日照。

若希望麒麟花多一点分枝，该怎么做？

 A 若想让麒麟花多生分枝，可加以摘心修剪，每年冬末或春季时修剪整枝一次，去掉零乱或无用的枝条，使其通风透光，促进生长和开花。

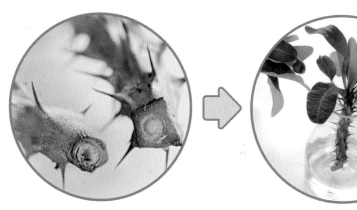

剪下来的枝条伤口干燥之后，还可置于水中等发根再另外种植一盆。

摄影／何忠诚

宝莲花价格偏高，买回家担心养不活，该怎么照顾？

Q224

A 宝莲花原生于温热、潮湿的地方，其生长适温 22~28℃，栽培地点最好在阳光未直射但光线明亮处，空气湿度高有利其生长。故在生长旺季或炎热夏季，可经常对植株喷雾以提高湿度和降低叶温。盆栽介质则以肥沃疏松的腐叶土，或是富含有机质的砂质壤土为佳，平时保持盆土湿润不过湿即可。冬季应减少灌水并注意防寒。当宝莲花生长健旺、枝长叶茂时，应以支柱绑扎固定，使枝叶集聚，花朵在其衬托下，愈显美丽；每次花后应修剪枝叶，使株形恢复整齐。

修(剪)与(施)(肥)

放在室内的圣诞红，多久浇水一次？需要施肥吗？

Q225

 A 室内的圣诞红盆栽需水量不多，一般 7~10 天，盆土表面已干才浇一次水。在室内观赏的圣诞红盆栽可不施肥。

买回来的圣诞红，应摆放在光线明亮的场所。
摄影／陈家伟

听说种玫瑰要施重肥？要怎么做才对？

Q226

A 玫瑰生长及开花期长，因此需要较多量的肥料，盆栽玫瑰可采取"薄肥勤施"的原则，生育期间每隔 7~10 天施一次含氮、磷、钾的完全液肥，浓度不宜太高；花蕾及开花期间可不施肥或加施速效性磷肥；入秋后 10~14 天施一次液肥，以开花肥为主，以防枝梢徒长。晚秋或配合换盆时，施一次腐熟有机肥或长效性化肥越冬，以增加盆土肥力。

摄影／陈家伟

玫瑰生长及开花期长，故需较多肥料。

玫瑰花谢之后，要怎么修剪才能促进再次开花？

A 玫瑰会在当年生的新枝顶端开花，且开花部分的枝条不会再开花，因此花谢后应剪去开花的枝条，只留其基部两三节，让腋芽萌发生长，使新枝重新开花。而在每年秋冬季或配合换盆时，可再进行更大幅度的修剪，将老化的主枝剪除，只保留 3~5 枝健壮的主枝，并将保留的主枝约剪去 1/2，以利生长出新的开花枝条。

修剪后的植株高为 30~50 厘米。

开完花之后，剪除细枝。

每个月都给山茶花施鸡粪肥，结果它却迅速落叶、掉花苞，为什么？

A 施用鸡粪肥之后落叶、掉花苞，很可能是鸡粪肥没有完全腐熟，或者施用了太多。鸡粪肥假如有伴随发出臭味，即代表它仍未完全腐熟，很可能其中还藏有病虫害菌。此种肥料应尽快移走，经堆肥处理或堆置一段时间，待臭味消除后才可以使用。

山茶花香气浓郁。

阳台上的金露花长得很快，修剪要注意什么才不会影响开花？

Q229

A 开花植物的修剪，应注意植物的着花习性及花芽形成的时间。并以此选择适当的修剪时期。像金露花、仙丹花、九重葛、朱槿、紫薇等花木，在花芽形成前，必须先有一段时间生长枝条，所以大多在当年的夏、秋两季开花。这类花木最适合修剪的时间，是在秋、冬季节生长缓慢期。此时叶片数最少，光合作用能力差，修剪枝叶对其伤害最小，**可进行较大程度的修剪**，以维持树形并促进来年开花。修剪时，可留下较粗壮的枝条，如此往后新生的侧芽数会更多，枝条品质会更佳。

蕾丝金露花

摄影／何忠诚

适当的修剪可促进侧芽产生，提高枝条生长活力。

摄影／何忠诚

病 虫 害 防 治

为何玫瑰盆栽的叶子出现白色网状斑点？

Q230

A 这盆玫瑰罹患的应是玫瑰白粉病，这是玫瑰植株很容易发生的一种真菌性病害。整个植株的地上部均会受害，尤其是新梢和嫩叶。初期为白色小点，渐渐扩大为面粉状粉末，新梢和嫩芽会扭曲而变形。花朵受害时，亦会造成花朵畸形、褪色且干缩。

摄影／陈熙伦

改善通风环境，并减少水分和氮肥的供应，可有效防治白粉病。

玫瑰得了白粉病怎么办？

 玫瑰白粉病主要在春季和秋季发生，病菌孢子主要靠风传播，而且在高湿的环境下较易侵入。

防治方法如下：

1. 将罹病部位彻底剪除，剪除时应小心，避免白粉状孢子再飞落至健康植株上。

2. 改进环境的通风和透光；并且不要施用太多的氮肥。

3. 使用稀释后矿物油或葵无露，除了喷洒在出现白粉的病征处，还要喷洒整株的叶面作为预防。

发病初期就要尽快施药，情况严重可每隔 7 天施药一次。

玫瑰花叶有褐色斑块且逐渐枯黄怎么办？ Q232

 玫瑰花叶有褐色斑块且枯黄，应该是染上黑斑病。此为玫瑰最常见的病害之一，以危害叶片为主，尤其是老熟的叶片，严重时叶片黄化、枯萎而落叶。病斑中央可见黑色小粒，即为病原菌的分生孢子，在高湿环境时，其内的孢子可溢出而传播至邻近植株。

改善方式：

1. 平时浇水时不要由上往下浇洒叶片，以免病原菌从罹病叶，借着水滴的飞溅或滴落而扩大感染。浇水也应注意排水，不使盆土过湿。

2. 改善种植环境，使植株通风透光，枝条若过于密实，应剪除部分枝条。

3. 罹病的叶片应尽快剪除，避免孢子飞散传染。一般居家在药剂使用上，可使用有机药剂如肉桂油及窄域油等作为防治。而当非得使用"亚拖敏"、"快得宁"或"贝芬替"等杀菌药剂，则需注意使用规则及用量。

罹患黑斑病的叶片。

广效性杀菌药剂。

摄影／陈家伟

发现玫瑰花圃有虫来啃食怎么办？

A 啃食玫瑰的虫子最有可能是毛毛虫、切叶蜂、金龟虫，虫体愈大，危害愈严重，常使花、叶残破不堪。若虫体不多，可直接捕抓去除，或使用天然杀虫剂例如苦楝油作为防治药剂。夏天不要使用有机肥，以免容易产生虫卵和幼虫。若紧急防治则可以稀释"陶斯松"来使用。

摄影／沅羲

玫瑰容易吸引虫子啃食花叶。

栽种玫瑰要注意哪些虫害？

A 玫瑰的虫害依其危害方式可分成两大类：

危害方式	造成伤害	虫害名称
刺吸式	虫体具有针状可刺吸式口器，吸食叶片或花朵的汁液，造成叶片花朵出现斑点、杏黄或卷起等现象	此类虫体通常较小，如蚜虫、介壳虫、蓟马、红蜘蛛等
咀嚼式	这类虫体具有咀嚼式口器，常啃食叶片、花朵等，造成孔洞，甚至吃得精光	如毛毛虫、切叶蜂和金龟子等

群聚的蚜虫 ——

摄影／何忠诚

摄影／陈家伟

玫瑰香气芬芳，特别吸引蚜虫前来吸食。

为什么杜鹃、李花、樱花有时会提早开花？

A 杜鹃、李花、樱花通常在春天开花。这些花卉均在前一年的夏秋季时已形成花芽，到了深秋，日照逐渐变短、温度变低的情况下，叶片会产生抑制萌芽生长的物质，运送到花芽内部，造成花芽的休眠。此时的花芽必须经历冬天的低温期，满足低温需求量，才能将此抑制物质分解，于是等春天气温回升，花芽即可继续发芽而开花。

若处于亚热带、低纬度，秋天时日照变短和温度变低的幅度不如温带地区明显，所以花芽休眠程度亦较浅，以致少数的花芽容易在秋冬季开出花来。此种花称为"不时花"，意即非正常时令所开的花，而且在暖冬时更为明显。

摄影／叶子

枝头上盛开的李花。

为什么盆栽的玫瑰花愈开愈小朵？

A 盆栽玫瑰的花朵会越开越小，主因是未及时换盆。玫瑰一年中的生长和开花会消耗不少养分，使盆土的肥力下降。加上盆土土质变硬、根群密布在盆内盘结，因而植株会减少其吸收水分和肥料的能力，导致植株容易衰老。因此，玫瑰盆栽最好在每年晚秋或早春时进行换盆。换盆时不一定要把原来的盆子换掉，最重要的是将硬结的土壤换为富含有机质的肥沃土壤。

摄影／陈家伟

盆栽玫瑰需要适时换盆以利开花。

杜鹃花如何修剪才能促进开花？

Q237

A 杜鹃花在冬天时所有的花芽均已存在于枝梢顶端，若此时修剪则会剪到花芽，隔年就无花可赏了。因此杜鹃花应在每年花谢后一个月内进行修剪，以促进新梢生长。

图片／花木修剪基础全书

在杜鹃花后，使用剪定铗摘花，避免消耗植物过多养分。

给杜鹃摘心也可以增加开花数量吗？

Q238

A 当杜鹃新梢长至 7~8 厘米以上时，可进行摘心作业，即将新梢顶端 3~4 厘米幼嫩部位除去。如此可免除顶芽优势，促进侧芽形成，增加植株展幅及开花数。摘心作业可持续进行两三次以促进更多分枝，但最后一次摘心应在 7 月底结束。

植物小档案  杜 鹃

杜鹃是台北市的市花，台湾的杜鹃花大致可分成五大类：**台湾原生杜鹃类、平户杜鹃类、西洋杜鹃类、久留米杜鹃类、皋月杜鹃类**。其中在平地最常见的为平户杜鹃类和西洋杜鹃类。平户杜鹃类是树势较为强健、叶子较大且较耐热的种类，例如台大校园的杜鹃绝大多数即为平户杜鹃类。至于西洋杜鹃类，其为欧美培育出来，以盆花形式供应，每年 10 月至春节期间，在花市可买到开满小花的盆花杜鹃。

摄影／郑顺成

久留米杜鹃·常夏

摄影／郑顺成

皋月杜鹃·孔雀姬

如何促进茶花开得又多又好？

 开过花的茶花枝条或枯枝均不会再度开花，因此在花期后应尽速将枯枝、冗枝剪除，以促进春天的新梢产生，春梢在发育充实后，约可在夏天逐渐形成花芽，而在年底至翌春开花。当秋冬季在枝条顶端或形成数个花蕾，此时每节应只留一个最大的花蕾，其余摘除，使养分集中开花。

摘蕾时可以用手指抓捻并转动去除。

摘蕾完成。

图片／花木修剪基础全书

为什么茶花盆栽一直处于半枯状态？花苞也长不好？

 茶花盆栽常年处于枝枯、叶黄、花苞易落的状态，这很可能是养分不足或管理不善所导致，综合改善建议如下：

1. 换盆换土。茶花应每1~2年换土一次，换土周期为开花后新芽未萌发前的春季。栽培土质以稍偏酸性森林腐质土或壤土拌以部分泥炭土为佳。换土后可使根系生长健壮，进而促进地上枝叶生长。

2. 修剪摘蕾。开过花的茶花枝条或枯枝皆不会再度开花，因此在花期后应尽速将枯枝、冗枝剪除，以促进春天的新梢产生。此新梢成熟后可在夏天逐渐形成花芽，而在年底至翌春开花。至于夏、秋季生长的夏梢和秋梢，因充实度较差，通常不具开花能力，应于其萌出后尽早剪除，以免消耗养分。此外，茶花在秋冬季通常在枝条顶端或近顶端节位形成数个花蕾（芽体肥大者为花蕾，芽体细长者为营养芽），此时每节应只留一个花蕾即可（通常留最大的花蕾或外向的花蕾），其余摘除，使养分集中利于开花。

3. 适时施肥。茶花于花芽形成期间，应施磷、钾肥为主的肥料。若茶花叶呈黄绿色，且出现在老叶，则应属缺氮，可喷施0.2%~0.5%尿素；如果黄绿色叶出现在新叶，则可能是缺铁，可喷施0.1%~0.2%硫酸亚铁矫正。

4. 注意浇水。盆栽茶花较易干旱，尤其夏季更不宜缺水，以免花蕾掉落，但亦不能太湿，应用"不干不浇，浇则浇透"的原则。

庭院里的老茶树近来半边开花不良、枝枯叶黄？

 茶树半边枯黄，请检视地上枝叶两侧的环境是否有明显的不同。例如枯黄的一边是否光线变强，或是罹患病虫害、喷洒到药剂。再者，从地下根部寻求解答：地上枝叶枯黄的一边，对应的根部是不是根系生长受到阻碍，或者一直保持土壤太湿或太干的情况，以及是否浇入其他液体。对于生长不良的植株，可修剪枯黄的枝叶或根系，促使重新萌发新梢或新根，逐渐恢复健康。

买回来的绣球花开完之后，养了三四年都没有再开，为什么？

 绣球花不再开花的原因有：

1. 花后未修剪。绣球花开过花的顶花不会再开花，因此花后宜剪除花枝，促其早日萌发新枝，才能在新梢顶端重新开花。

2. 花后仍置室内。盆花只适合在开花期间移至室内欣赏，花谢后即应移至光照充足的户外，否则低光下难以再次形成花芽。

3. 低温量不足。绣球花花芽形成后，需低温打破休眠，台湾中南部冬季仍显温暖，也会让已形成的花芽消蕾，而造成不开花。

绣球花通常在短日且温度 20℃ 以下，有利于花芽的形成。

摄影／陈家伟

为什么买回来的马缨丹花谢之后就不再开花了？

 马缨丹喜欢充足的光线，光照不足时，枝条生长细弱而徒长。马缨丹在野外或庭园中生长时耐旱性较强，因其根系发达且吸水能力强；而以盆栽种时，由于根系生长受到限制，需补给较多的水分，否则易有枯枝叶黄、不易开花的状况。

为什么仙丹花愈开愈少？

A 仙丹花是顶生花序，会在新的枝条形成花序，因此修剪工作特别重要。夏天时枝条生长较快，光的强度愈强，也愈有利于花序发育而盛开。仙丹花较不耐寒，若是种在山区或日照不足的地方，就会导致花序较小或不开花。开花期间可施加含磷、钾的开花肥。而花期过后，也必须重新修剪，以便长出新枝条。

摄影／陈熙伦

仙丹花

自己种的圣诞红很瘦弱、叶子也很薄，怎么办？

A 圣诞红生长快速且生长量大，属于需肥性较高的植物，故施肥量大致为一般植物的1.5~2倍。而且不止施基肥，每1~2周可再施一次追肥。假如植株显得瘦弱、叶薄而黄，显示仍缺乏氮肥，可施用尿素1000倍稀释液，或对叶片喷施0.2%~0.5%尿素改进。

买了圣诞红来应景，放在室内为何花瓣叶子日益枯黄？

A 栽培的圣诞红盆花品种，大多已适应室内的环境；但买回后仍应尽可能摆在光线充足的场所，如窗台、落地门窗附近但阳光不会直射的地方，切勿摆在通风口或冷空气直吹处，以免叶片枯黄。

庭园树木篇

在庭园的环境中引入存在感强烈的树木，往往可以营造视觉焦点与花园风格。除了观赏用途，树木也可以用来区隔空间、改善空气品质。而且最大的优点是植株寿命长，一旦生长稳定，可长时间观赏。

基 本 知 识

适合种在庭院、好照顾的树木有哪些？ Q247

A 适合种在庭院又好照顾的树木有几大类：松柏类、铁树类、变叶木、樱花类、枫（槭）树。你可根据需求来选择。例如想要挺拔常青就可以挑选松柏类，希望能赏花就挑选樱花、紫薇这一类。还有浪漫飘逸的垂柳，随着季节变色的枫香、枫（槭）、变叶木，它们都是很好的选择。

叶色会转红的枫叶，可感受季节变化。

— 摄影／陈熙伦

挺直的黑松终年常绿。

— 摄影／陈熙伦

有看到花市卖梅花，买回家种能顺利开花吗？ Q248

A 常听说梅花"愈冷愈开花，冰雪风雨都不怕"，实际上这是一种美丽的误会，梅花的耐寒性，在温带花木中只能算中等。也由于耐寒性不是很强，故芽体只需要较少量的低温就可破休眠状态，而刚好在严冬或早春时开花。梅花栽种在中、低海拔山区较为适合；种在平原地区，夏季高温会造成生长不良，而困难度会较一般花木高些。气温超过28℃，需要遮阴降温。除花芽形成期间（约6月份）和冬季时应减少浇水外，其余季节应充分浇水。

常听说的枫（槭）树和枫香树要怎么分？ Q249

我们平常所称的枫树有两种：一种是枫树科（槭树科）的枫树类；另一种是金缕梅科的枫香。两者叶形均为掌状裂叶，加上秋冬季落叶前，若天气够冷，叶片均会变红，所以经常混淆。事实上，两者分辨并不困难，枫树类叶片对生，即一个节上长有两片叶子，果实为翅果，好像长了两片翅膀；而枫香叶片互生，即一个节上只长一片叶片，果实为许多蒴果聚合而成的球状聚合果，表面密生星芒状的刺。

枫香叶片一般为掌状三裂叶，一个节只长一片叶子，为台湾原生树种。

摄影／王正毅

青枫是台湾中、低海拔原生的槭树类，叶片一般为掌状五裂叶。

图片／花木修剪基础全书

红枫是枫树科，叶片一般为掌状五或七裂，一个节有多片叶子。

摄影／郑锦屏

罗汉松的名字是怎么来的？ Q250

罗汉松是雌雄异株的植物，当雌花经授粉后，花托会膨大，变成肉质的果托，呈红紫色；果托上面的果实是淡绿色，较果托小。果实和果拖（会由绿转红）长在一起就好像罗汉身上披件红色袈裟一样，故称为罗汉松。

摄影／王耀贤

罗汉松树姿朴雅。

在公园捡到阿勃勒像是豆荚的荚果，可以拿来种吗？

A 阿勃勒的荚果由绿色转为黑褐色时，可剥开取下饱满的种子来播种。首先将它们摊在阴凉环境下 2~3 天，待种子充分成熟后，再以冷水浸 1~2 天，中间应每日换水，并洗掉种子表面透明薄膜。经上述处理后，种子就可拿来播种了，发芽率可达 75% 或更高。从播种到发芽的时间需 1~4 周。

阿勃勒灿烂的金黄色花序，花落时如下雨般，故又称为"黄金雨树"。

为何种了捡来的阿勃勒种子都没发芽？

A 阿勃勒种子不发芽，可能是因为挂在树上太久才掉落，种子早已老化失去活力，或是因为荚果遭受到病虫伤害已不健康。建议捡取已成熟、刚落下的荚果，其内的种子发芽率最高。

阿勃勒的花与荚果。

银杏的种子要怎么种？

A 种植银杏可将种子于春或秋季播种于育苗盘中，经 1~2 个月发芽后再植入盆中。栽培介质以疏松、肥沃、富含腐质的砂质壤土为佳。银杏耐旱，盆底忌排水不良。平地夏季高温时，盆栽应移至间接日照的场所栽培。

摄影／陈家伟

银杏树苗

捡到台湾栾树的种子，如何种在自家庭院？

A 台湾栾树于秋天开出黄色花朵，花后随即发育出膨大的红褐色蒴果。在 11~12 月采收成熟的果实（此时果实为干燥纸质状且呈淡褐色），取出内部圆而黑色的种子，于春、秋季播种皆可，但以春季较适宜。播种前种子先浸水软化，以提高发芽率，然后播种于砂质壤土，置于冷凉处、定期浇水即可正常发芽生长。等到芽长至 20~30 厘米再将它定植到庭院。

摄影／Alice Wu

摄影／Alice Wu

成熟的果实中有黑色的圆形种子。

听说铁树种子要种很久才能发芽，是吗？

 铁树的种子为鲜红色，形状类似小桃子或栗子。取铁树新鲜种子于春季播于砂质壤土，上覆稻草，每2~3日少量灌水一次。

但由于种皮坚厚，种子需2~8个月甚至更长时间才会萌芽，发芽后又需培育一年以上才能移植，确实比较耗时。

植物小档案　苏　铁（铁树）

苏铁又称铁树，是古老而珍贵的植物。距今约一亿五千万年前的侏罗纪时代，苏铁曾广布全世界。后来因地球气候改变，它适合生长的范围大为缩小，如今只分布于热带及亚热带地区（如中国大陆华南、台湾地区，日本等）。因此苏铁可说是典型的活化石。

铁树发芽与生长速度较慢。

摄影／郑锦屏

铁树茎干上的凸出尖叶要怎么切下来繁殖？

 铁树常在茎干基部萌生分蘖，将其切离母体后，埋插在砂床或含多量粗砂的腐质土中，放在半阴处，温度25~30℃最容易成活，顺利的话，2~3周即可发根定植。

过年前把园里的银柳剪下来观赏，而留下来的粗枝一直没长出新叶，为什么？ Q257

你剪取银柳的季节正逢冬季低温，故导致芽体不易萌发。为此，可以等到春季回温的3~4月间再修剪一次。修剪时，切口应尽量靠近芽体上方，再配合浇水和施速效氮肥，以利芽体萌发。如经再次修剪后芽体仍无法萌发，可能是去年剪下枝条之后浇水不足，使得根部缺水（银柳性喜湿润的环境）所致。这也可能是因为植株感染上病虫害。此时可挖起来检查根部，若受损不严重，则修剪坏朽根部，再重新种植；若已严重受损，建议重新扦插繁殖新株（但栽培土壤建议消毒或静置一段时间后再行栽培为佳）。

植物小档案 银 柳

银柳又称猫柳，喜欢潮湿气候，台湾宜兰环境适宜，是银柳最重要的产地。银柳经春、夏季的营养生长期后，芽苞逐渐生长与膨胀；而于秋、冬季落叶时，芽苞已长得极为饱满；直到农历春节时，红褐色的芽苞脱落，露出密布绒毛的花序。其中雄花序为黄色，雌花序则为银白色，洁白如绢、银光闪闪，象征银元滚滚而来。银柳谐音"银留"，象征为家中留住财宝。至于"猫柳"之称，则因其花序展开后的花穗细长有如猫尾巴而得名。

摄影/何忠诚

想买樱花树来种，四季都可以种下吗？ Q258

樱花为落叶树种，在秋冬落叶后至早春萌芽前最适合栽种。夏季时期，枝叶已大量生长，水分蒸散快速，若在此时来栽种樱花，根部要供给大量养分到地上枝叶生长，反而无法储蓄充足养分来强壮根系，容易发生供水不及、生长停顿甚至死亡的状况。

樱花以落叶期至早春芽尚未萌发前
为最适合的移植期。

摄影/郑锦屏

要帮庭院的樱花树施肥，用量需要多少呢？

帮樱花树施肥时，用量以每平方米加入有机质肥料 2 千克，或是每平方米加入 50~100 克的长效性化学肥当作基肥，之后再于生长期间追加 2~4 次速效肥。

种在庭院的樱花、桃花需要修剪吗？

樱花、桃花的花芽在夏、秋两季形成，再经过一段时间的休眠，于翌年的春季开花。这类花木通常不太需要修剪，除非是长得太高或已影响到旁边的植株生长。至于修剪的时间，最好在开完花后、花芽形成前。若在秋、冬大量修剪，来年将无花可赏。

摄影/陈秋伶

樱花

摄影/陈秋伶

桃花

种梅花适用什么土壤？施肥和修剪要注意什么？

梅花栽培介质以排水良好、富含有机质的砂质土壤为佳，可于春、秋季各施一次长效有机肥或化肥。栽培移植适期为每年11月至翌年3月，栽培地日照需充足，但气温超过28℃以上时宜适度遮阴以降温。除花芽形成期间（约6月份）和冬季时应减少浇水外，其余季节要充分浇水，尤其是高温的夏季。每年于花谢后，实施一次整枝修剪。将枯枝和交叉、重叠的枝条剪除，以维持树形美观，促进来年开花。而落叶期则不建议作修剪，因当时花芽已经发育完成，此时修剪会将未来要开的花剪掉。

摄影／郑顺成

梅花的花色就是白色或淡红色。

下雨天可以进行花木修剪吗？

温带落叶性的桃、李、梅、樱、枫，或是杜鹃花类、山茶科植物，在下雨天修剪无妨；但是热带落叶性植栽，如木棉、刺桐，就非常忌讳在下雨天进行修剪或移植。此外，常绿针叶性的松、柏、杉科植物，以及会流乳汁的榕树类、乌桕、变叶木、黑板树、大花缅栀、夹竹桃，也非常不适合在下雨天进行移植及修剪。

摄影／郑锦屏

缅栀修剪时会流出乳汁，不宜在下雨天修剪。

榕树盆栽的树头为何长出许多小树瘤？该留着吗？

Q263

树头会长出小树瘤时，应该进行植株"更新修剪"。这是一种作为恢复活力的修剪方式，一次剪除枝叶量超过 1/3。此方式对植物的伤害较大，依植物种类不同约 2~3 年一次。经年于植株的同一部位作修剪，也会造成愈合组织的增生或修剪部位大量萌出新芽。此时只要留下均匀分布、长势较强者五六个，以集中养分供应，而将其他的芽去除。且植株要接受充分日照，以助于生长。而另外还有一种情况是，因为存在伤口或修剪时器具没有事先消毒，榕树感染了癌肿病（Crown gall），造成不正常增生（小树瘤）且上面会有许多小芽萌发。患病的植株虽然不一定会死亡，但会影响生长，使树势衰弱及矮小长不大等。所以除了清除感染的植株外，日常应该加强修剪器具的消毒，以防感染其他植株。

有哪些好栽种的树木，也适合用迷你盆栽来栽种观赏？

Q264

四季常青的松柏杉类，树姿苍劲有型，适合作为迷你盆栽，推荐的树种有：

黑松，耐旱耐贫瘠，树姿古雅，需要充足日照与通风环境。

八房杉，树型笔直，是日本柳杉发展出来的品种，性喜阴凉。

真柏，色泽深绿饱满，枝叶有清香，需要排水良好的栽培介质，以及全日照。

日本系鱼川真柏，可做苍劲造型，木质细腻，不惧冷热。

摄影/王正毅

应该终年红叶的日本红枫，叶子为何渐渐转绿？

红枫的叶片大多虽然终年可维持红色，但老化或长期遮阴的叶片就容易回复绿色，有时氮肥施用太多也会使叶色转绿。因此，红枫应给予充足的光照，减少氮肥，增加磷、钾肥的供应，并注意摘除老化变绿的叶片。如此便可长期维持红叶景观。

摄影／郑锦屏

喜欢冷凉通风的红枫。

很喜欢竹子，可以用盆栽来种吗？

观赏用的竹子，株形较矮，茎干细致，除了庭植外，作为盆栽也适宜。这类品种有：葫芦竹——竹干节之间膨大似葫芦形；金丝竹——竹干为金黄略带绿色条纹；紫竹（黑竹）——竹干和竹枝在幼嫩时呈绿色，老则逐渐转为紫黑色；七弦竹——竹干细致，表面橙黄有绿色纵纹；凤凰竹——竹干细微且生长紧密。这些都可以用盆栽来种植。

摄影／陈熙伦

竹子可营造日式庭园的禅境。

什么土适合种竹子？需要施肥、换盆吗？ Q267

A 盆栽竹子，介质以富含有机质的砂质壤土为佳，排水须良好，日照要充足，在阴暗处将生长不良。施肥可用有机肥或长效化肥，每季施用一次。茎干若过分伸展或枝叶凌乱，可于冬季适时修剪以维持美观。盆栽竹子约每 2~3 年换盆土一次，若分株较多，可换较大盆子或者分株另植。

摄影／陈家伟

施用肥料帮助生长。

喜欢白水木的树形，该怎么种它？ Q268

A 白水木生性强健，生长速度中等，喜欢高温多湿、排水良好的环境，耐热、耐旱、耐风、耐贫瘠，近年来很受景观造景者青睐。除了直接地植，白水木也可以种在大型花盆里面，放置于半日照至全日照的环境。

摄影／李国良

白水木树姿优雅。

很喜欢银杏的叶子入秋会变色，在平原地区可以种它吗？

A 银杏喜欢冷凉环境，忌高温潮湿，因此较适合在高冷地种植。春天生长的叶片为鲜嫩的绿色，随后渐渐转为浓绿色，到了深秋落叶前，变成金黄色，可与同时节火红的枫香或槭树相互辉映。若是种在平原地区，则常因温度太高而生长不良，且叶片也不会明显转色。

银杏

摄影／陈秋伶

种银杏如何施肥和修剪？它可以扦插吗？

A 银杏生长缓慢，因此每年间隔施肥 2~4 次即可，肥料采用长效的有机肥或化肥均可。主枝生长过高可稍加修剪，促使多生侧枝，但切勿过度修剪。若要扦插，可在秋天选当年新生、带顶芽的健康枝条，取约 15 厘米长来做插穗。银杏发根较慢，可将枝条蘸取发根粉后再插入介质，以提高成活率。

取带顶芽的茎段来扦插银杏。

摄影／何忠诚

种了台湾栾树，要多久可以开花结果？

以播种进行繁殖的台湾栾树生长的幼年期较长，需八九年以上才能开花结果。若用已开过花的枝条以扦插、嫁接或压条等方法来种植，则植株可去除幼年期的因素而提早开花。

植物小档案 台湾栾树

　　台湾栾树是无患子科的落叶乔木植物，为台湾原生特有种，十分常见于行道树，又叫苦楝舅、木栾仔、五色栾华。台湾栾树春天叶色鲜嫩，夏天茂密浓绿，秋天树头开出黄色的花。之后红色苞片的蒴果在入冬后转成暗红色，干枯后又转为褐色，四季展现不同的风貌。

台湾栾树盛开的花朵。

红褐色的蒴果。

种在小盆器里的树木，多久需要换盆换土？

盆景植物因盆土量有限，最好每一两年换土换盆一次，尤其生长势明显衰弱时，更应更换盆土。建议在春季时进行，并检查盆土有无虫害，若有则更换干净的介质。

修剪枯黄生病的枝叶再做换盆，并可用铝线调整姿态。

摄影／王正毅

台湾栾树的幼木和五六年以上的苗木，它们的施肥方式一样吗？ Q273

A 它们都要在每年春、秋两季各施肥一次。除基肥外，幼木可施以含氮素较高的三要素肥料，以促进苗木生长；五六年以上的苗木，可以磷、钾较高的肥料为主，以促开花、结果。冬季落叶后，可行整枝、修剪，以维持优美树形。

摄影／郑锦屏

生长良好的台湾栾树，秋天便会开花结果。

想把榕树、榉树等树木种在小型盆器里欣赏树型姿态，该怎么种？ Q274

A 盆景植物通常是希望长得矮健而具有古朴姿态，因此盆景植物的养植和盆栽植物不同。首先，在盆器上通常选择宽口径的浅盆，以有限的盆土来限制根系生长，达到矮化植株并塑造特殊造型的目的。

摄影／王正毅

榉树盆栽

怎么维持盆景植物的优美树姿？

A 为了维持盆景植物树型矮化并塑造优美树姿，适时适量的摘心、修剪和整枝都是必要的。例如生长旺盛时摘除一些枝叶，使新生的小叶更能配合矮化的树形；

紊乱的枝条也要及时剪除，保持树形的层次。可运用铁丝或铝线，依所希望的枝条生长方向调整，但也不宜绑系过久，以免留下痕迹。

用铝线从根部往上盘绕，为植株塑形。

摄影／王正毅

种在小盆器里欣赏的树木，浇水、施肥和照顾上要注意什么？

A 作为盆景欣赏的树木，浇水、施肥量也应比盆栽或地植时更少，让植株缓慢生长，尤其氮肥应尽量少施，以防徒长，并且要适时适量地摘心、修剪和整枝。

修剪前

修剪后

修剪徒长的枝条，维护外形美观。

摄影／王正毅

台湾栾树喜欢怎样的生长环境？

 台湾栾树对土壤要求不高，排水好且肥沃的砂质壤土最佳。台湾栾树生长快速，喜欢温暖、高温，耐干旱，最好定植在日照强烈处。

所谓树木"嫁接"是怎么做的？

嫁接俗称接枝或接木，就是将一植物枝条（或芽根部）之切面，与另一植物枝条（或根部）之切面互相密接，由两者切面愈合组织再生结合成一个新个体的繁殖方法。例如，使用健壮的山茶花作为砧木，上面嫁接较珍贵的茶花品种，这个新的个体生长与开花都比扦插来得快。

步骤 1　使用嫁接刀以 45° 切入砧木。

步骤 2　上部的枝条要做斜切，以利嫁接。

步骤 3　将切口扳开，与芽点朝外的接穗枝条接合，再捆上弹性胶带。

步骤 4　可套上塑胶袋，减少水分蒸发，有助生长。

摄影 / 陈家伟

嫁接树木有什么好处呢？

嫁接时，上部的枝条或芽体称为"接穗"，下部的枝条或根部称为"砧木"，接穗通常选择观赏或生产特性优良，但生长势较弱的种类；相反，砧木则通常选择生长势和环境适应性良好，但观赏或生产特性较差的种类。因此，嫁接的组合既可以保存接穗优良的品种特性，又可以增加环境的适应性。

摄影／陈家伟

嫁接的茶花。

重瓣石榴花的枝条越来越杂乱了，该怎么修剪才对？ Q280

在冬季或早春时，可将石榴老弱、枯病枝和徒长枝一并剪除。尤其是枝条多而密者，一定要疏除一部分枝条，使植株通风透光以利开花。春天时，若枝梢已萌发，则不宜再做修剪，因为花芽已在顶端的叶腋中形成了。

买回来的接枝吉野樱在生长着，但底下的砧木却腐朽凋萎了，怎么办？ Q281

嫁接的接穗和砧木在遗传血缘上越接近，其亲和力愈强，嫁接也愈容易成功。若您买回的嫁接的吉野樱上面接穗的部分在生长而砧木却腐朽凋萎，应该是当初选用的砧木亲和性不佳之故，或是嫁接技术不理想所致。当然这也可能是砧木感染病虫害引起的。

若发生此情形，可看接穗是否有自生新根。若有，则代表苗株应已是吉野樱的自根苗，此时则可将接穗自原砧木上取下并用水苔（水草）包裹根部移植到其他盆中；若接穗尚无根系长出，则可直接剪下接穗进行扦插或利用高压法进行繁殖。接穗及砧木状况皆不佳时，建议整株丢弃处理，以免影响周围植物生长。

吉野樱喜欢什么样的生长环境？

 吉野樱是日本改良的品种，属温带地区的种类。樱花类是在每年夏、秋两季形成花芽，秋末落叶后进入休眠。它需有足够的低温量，才能打破休眠而萌芽生长和开花。台湾平原地区夏天气温太高，温带种类的樱花如吉野樱、富士樱、日本山樱，和原生高冷地的雾社樱和阿里山樱等，在此地往往生育不良；而冬天的低温量又显不足，以致开花量较少。

摄影／郑锦屏

花色粉嫩的吉野樱。

听说西印度樱桃的维生素 C 含量很高，可以自己种来吃吗？

经专家分析证实，西印度樱桃的维生素 C 含量是所有水果类中最高者之一，一个成年人，每天只要吃半个西印度樱桃即可满足或超过一天 60 毫克的需求量。因此，西印度樱桃实在是一种兼具食用和观赏价值的优良植物。

西印度樱桃喜欢高温多湿、充足日照的环境，生长适温 22~30 ℃，在平原地区除冬季外，春到秋季均可能开花并结果。由于开花结果期长，它需较注重施肥，可以每 2~3 个月施用一次磷、钾肥为主的肥料，如此应可欣赏开花并享用美味的果实。若想自行栽培，建议选择已开过花且具有结果能力的植株（已达成熟期）来进行扦插、高压繁殖，或直接购买生长已达成熟期的植株来栽培，如此可短时间内享受到开花结果的乐趣。若您想体验一下由种子到开花结果的过程及喜悦，则整个过程需要 3~5 年的时间。

图片／花木修剪基础全书

西印度樱桃秋季红熟即可食用。

春不老要怎么扦插繁殖？

A 春不老可利用种子及扦插繁殖（除了冬天外皆可进行繁殖）。种子采收有季节性，且由小苗到成熟开花时间较长，所以人们更多是截取已开过花的植株枝条进行扦插繁殖。其发根后于第二年的花期，便可开花了。

扦插时需取一、二年生成熟的枝条（一般来说就是枝条皮层由绿转为其他颜色时），长度约为 8~10 厘米。每个插穗约留 2~3 片叶（每片叶片皆剪除一半，以防失水），接穗底部剪一斜口，插入准备好的盆器介质中，保持土壤及空气中的湿度，约待 1~1.5 个月即可发根，待根系长满盆器后即可移植。

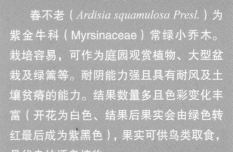

植物小档案 **春不老**

春不老（*Ardisia squamulosa Presl.*）为紫金牛科（Myrsinaceae）常绿小乔木。栽培容易，可作为庭园观赏植物、大型盆栽及绿篱等。耐阴能力强且具有耐风及土壤贫瘠的能力。结果数量多且色彩变化丰富（开花为白色、结果后果实会由绿色转红最后成为紫黑色），果实可供鸟类取食，是优良的诱鸟植物。

摄影／叶子

春不老的花序。

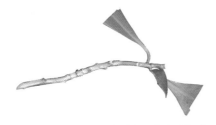

取一、二年生 8~10 厘米成熟枝条作为插穗，叶片太大时剪除一半，以防失水。

春不老何时可以换盆、修剪及施肥？

A **换盆：**春不老性喜高温多湿，生长适温为 22~32℃。换盆时间一般为见其根系长满盆器或根系由盆器排水孔长出时，季节为春到秋皆可。换盆后建议先于半日照环境下养护 1~2 周的时间（当然若原本就栽培在半日照以下的环境就不需要移动位置），再移至光照环境较强的地方促进其生长。换盆的介质要求不严，但仍以砂质壤土为佳。

修剪：全年均可修剪整枝，去除生长较弱、干枯、生病的枝条，或为保持树型而做的修剪，一般不会剪除超过 1/3 的枝叶量。而当植株老化或整体生长势不佳时，可实施"更新修剪"，使其恢复。

施肥：于换盆时介质中混合有机肥作为基肥，之后每 3 个月补充一次复合缓效性肥即可。

为何樱花种了好多年都不见开花？怎么办？ Q286

A 樱花是在每年夏、秋形成花芽，秋末落叶后进入休眠。樱花必须有足够的低温量才能打破休眠而萌芽生长和开花，因此樱花每年二、三月时先开花，随后才长叶子。而愈是在温带或高海拔山区原生的樱花种类，所需的低温量愈多。平原地区气候温暖，常常无法满足樱花的低温需求量，以致其无法顺利开花。因此推测您所种的樱花应是低温需求量较多的种类。建议可以用您现种植且生长良好的樱花作砧木，以在平原地区也可以顺利开花的山樱花品种，或其他在当地已开花良好的樱花品种枝条作接穗，进行嫁接。相信此举可增加樱花开花的概率。

摄影／Alice Wu

山樱花是台湾原生种，又称为绯寒樱。

我种的枫树为何没在生长，且夏天开始枯叶？ Q287

A 先确认你的枫树是何种类。若是原产于温带或台湾中、高海拔地区的种类，则可能是它不耐夏天炎热而导致枯叶。如果是原产热带、亚热带或台湾低海拔地区的种类，如青枫或枫香，越夏应无问题，发生夏季枯叶，最可能的原因是浇水不足或是根系老化、土壤硬化，使植株吸水不足。可先加强浇水，如不见改善，则应进行换盆。

图片／花木修剪基础

青枫在晚秋时，叶色会转为灿烂的殷红色。

日前买了一棵日本红枫，叶子末端却渐渐卷曲枯黄？

所谓的日本红枫，最可能应是掌叶槭的一些园艺栽培品种，如紫叶槭、出猩猩、猩猩野村等。掌叶槭原产中国大陆、日本和韩国，属于温带的树种，并不耐高温。尤其是夏季时，应稍加遮阴并置于凉爽通风处，每天早、晚浇水各一次，以免高温炎热缺水而造成卷叶枯黄的现象。

猩猩野村
叶色一年四季大多呈现红色或是暗紫色。

阳炎
叶质较厚的斑叶品种，春天出斑成黄色。

银杏树要种多久才能采收果实(白果)？

银杏的幼年期很长，从小苗种到开花结果要二十年以上，四五十年后才能大量结果，等于是祖父栽的苗，孙子才能采到果实，所以又叫公孙树。银杏开花后结核果，种子白色，可供食用和药用，又名"白果"。

银杏结出的果实。

铁树开花是不是很难得一见？

Q290

A 一般常称为"铁树"的苏铁，是雌雄异株的植物，也就是雄花和雌花分别开在不同植株上。雄花序由叶丛中央的顶端抽出，为长形圆筒状花序；雌花序亦生在叶丛中央，略呈球形羽毛状，密生褐茸毛。以往"铁树开花"被认为是十分难得的事，实际并不尽然，气候温暖湿润地区，生长 10 年以上的苏铁，是可以年年开花的。

摄影／郑锦屏

苏铁在台湾十分普遍，常见于公园绿地。

为什么榕树的新枝叶尖都卷曲，还有红黑斑点？

Q291

A 榕树生性强健，较少发生病害，但因榕树生长迅速，鲜嫩的新叶常成为多种昆虫的美食，故虫害的发生率较高。常见者有蓟马、芽虫、介壳虫、刺粉虱、高背木虱、潜叶蛾、无花果蚕和一些毒蛾类。若是新叶卷曲且叶上呈黑红斑点，应是蓟马危害，严重时将使叶片掉落，嫩芽凋萎枯死。

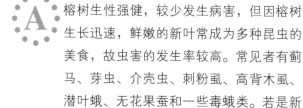

图片／花木修剪基础全书

为什么榕树的新枝顶端布满白色棉状细丝？

新枝顶端布满白色棉丝，主要为高背木虱所造成。此虫常栖息在嫩叶、叶柄或嫩枝上吸食汁液，使枝叶萎缩长不大，严重时造成枝叶枯死。而且此虫还会分泌蜜露和蜡丝，因此可看见白色棉状细丝且会黏手，若不及早处理，蜜露还会引来其他病原导致煤烟病。

之前种了一棵黑松，为何叶子一直干枯掉落？

修剪病虫枝，并调整树型。

植株能成活的基本关键是水分能维持平衡，亦即根部吸收的水分，必须足以供应地上部分因蒸散作用所损失的水分。像黑松、罗汉松之类的树木应于晚秋或早春时种植，根系可生长和吸收水分，地上部枝叶所蒸散的水分较少，代谢足以平衡。此问题中黑松一直落叶，推测可能是因夏季进行了移植作业所致。而此时正处于枝叶旺盛且蒸散失水较多的阶段，植株移植后就很容易引起水分失衡而干枯落叶。当发生这样的情形时，建议先减除枯枝败叶及减少叶片量，并加强根部的浇灌，待新芽开始萌发时再薄施速效肥，以促进植株的生长。如此，若植株受损的情形不严重，应有机会挽回。

扦插的重瓣石榴为什么一直没有开花？

播种繁殖的重瓣石榴有3~5年的幼年期，而一般扦插繁殖法栽培的重瓣石榴可以直接跳过此阶段而直接达观赏期。但如果扦插采取的插穗是母株基部萌发的枝条，会因发育成熟度较低而使开花延迟。所以插穗宜选用已开花多年母株之中段和顶端健壮枝条，开花才会较快。

除此之外，栽培地点日照不足、施用含氮肥过高的肥料也会造成植株不开花。于冬季或早春时，应将石榴老弱、枯病枝和徒长枝一并剪除，使植株通风透光以利开花。但春天时，若枝梢已萌发，则不宜对其修剪，因花芽常自春梢顶端的叶腋中形成，此时修剪会将准备要开放的花朵去除因而延迟开花。

榕树发生病虫害怎么处理？

榕树的害虫若不严重，只需剪除感染处枝叶即可。榕树萌芽力强且生长快速，剪后不久即可再长出健康新枝。若危害范围大且严重，除修剪外，还可施加杀虫剂防治，像是万灵（纳乃得）、速灭松、大灭松等。使用时应遵照说明书用法并注意人身防护。若是居家环境，仍建议以天然杀虫剂为主（例如苦楝油）。

摄影／陈熙伦

修剪病虫枝，并调整树型。

为什么有的石榴会结果，有的不会？

石榴的花形有单瓣和重瓣之分。其中单瓣者大多可结果，而重瓣石榴花的花瓣成彩球状，花姿往往较单瓣者鲜艳，但因其雄蕊转化成花瓣而使其授粉、受精困难，因此难以结果。

摄影／叶子

单瓣石榴的花与果实。

重瓣石榴花的花期是什么时候？要怎么利用施肥促进花开多一点？

重瓣石榴在春至秋季均能开花，特别在夏季盛开，其花色有红、橙红、淡红及白色等。盆栽石榴不施肥或肥料不足，自然生育状况下易开花不良；但若施用含氮肥量较高的肥料，则可能造成枝叶生长旺盛，但无足够养分供应开花。故若想促进开花，建议每年晚秋供应一次有机肥或长效化肥作基肥，以提供石榴基本生长的需要；且自春天起，则每1~2个月施用一次磷、钾肥为主的追肥，直到秋天花期结束，如此应可促进重瓣石榴开花。

藤蔓植物篇

　　藤蔓植物生命力强，即使是在小小的栽植空间，也能蔓延成大面积范围。居家的栏杆、铁窗可以栽种会缠绕或攀爬的藤蔓植物；窗台、花架则可以种植悬垂型的藤蔓作为绿帘，或者让藤蔓爬满棚架和围篱，营造处处绿意盎然的景色。

藤蔓植物篇

什么是藤蔓植物？

 藤蔓植物一般是指本身枝条无法直立生
长，须依附于其他物体才能向上生长的
植物。藤蔓植物会随支持物的形状不同而
有不同的生长形态，达到整枝及造型的效
果。藤蔓植物的种类，依其攀爬方式可分
成：吸附型、攀缘型、缠绕型与悬垂型。

摄影 王耀贤

茎枝细软，蔓延生长的藤蔓植物。

常见又好种的藤蔓植物有哪些？

 依植物攀爬方式，常见又好种的藤蔓植物种类可参考下列：

攀爬方式	攀爬特性说明	代表种类
吸附型	利用气根或吸盘等器官，可直接吸附于墙面而向上生长	爬山虎、黄金葛、常春藤、薜荔、合果芋等
攀缘型	利用卷须或钩刺，卷绕或钩附于支撑物并向上生长	珊瑚藤、蒜香藤、炮仗花、百香果、葡萄等
缠绕型	利用茎本身螺旋状扭转，缠绕，在支撑物上并向上生长；另有些藤蔓植物本身缠绕能力差，但经人为诱引，仍可达到此效果者也归于此类，如九重葛、软枝黄蝉、使君子等	牵牛花、洋落葵（藤三七）、龙吐珠、金银花
悬垂型	本身不具攀缘及缠绕能力，枝条伸长后呈现匍匐生长或垂曳（直接下垂）生长	蔓性马缨丹、云南黄馨、光耀藤等

听说居家种藤蔓植物会损坏墙面，导致漏水问题？

木造或砖瓦的建筑，屋壁一旦被藤蔓植物蔓上，较容易腐蚀木板、风化壁砖，且雨后潮湿令内壁长霉。但若是水泥外墙，种植爬墙虎或薜荔等藤蔓植物，不仅不会有上述困扰，反而可以柔和美化壁面，并有调节室内温度的功效。

运用藤蔓植物绿化墙面。

我家是南向阳台，可以种哪些爬藤植物做绿化呢？

南向阳台光线良好，适合栽植的藤蔓植物很多，例如开花性藤蔓：九重葛、软枝黄蝉、使君子、忍冬、三星果藤等。它们不仅让阳台或铁窗充满绿意，开花时更增添了多彩的颜色。

忍冬

三星果藤

如果想在阳台种些会攀爬又可以吃的植物，什么比较好种？

想要兼具食用效果，可种植藤三七（洋落葵）、土川七（落葵）、百香果或一些果菜类。例如春夏季高温时种胡瓜、丝瓜，秋冬季冷凉时种豌豆、菜豆等。但此类果菜需经常更新，较为费时。

设立可供攀爬的支架。

兼具遮阳、绿化与实用的瓜棚。

常在山野看到不同颜色的牵牛花，是有很多种类吗？

牵牛花为旋花科牵牛花属的一年生或多年生蔓性草本植物，广泛分布于热带或亚热带地区。其牵牛花花形、花色变化大且具许多杂交种或栽培种。叶有心形、卵形或三裂等。牵牛花大多春至夏季开花，花形有单瓣、重瓣或裂瓣，花色繁多，甚至有镶边，相当美丽。而在山野间常见到的牵牛花，多半是多年生草本的锐叶牵牛或枫叶牵牛，花色为紫蓝或紫红，其他还有野牵牛、红花野牵牛、海牵牛、厚叶牵牛等。

花色繁多的牵牛花。

想在家里种出牵牛花，是去买种子来种吗？

 一年生草本的牵牛花以播种法为主，种子发芽适温20~25℃，以春至早夏最适合播种。由于种皮坚硬，故播种前可先以温水将种子浸泡数小时加以软化，再播于河砂或疏松壤土，保持湿润。约一周内种子即可萌芽，本叶生长4片以上即可移植，当年夏至秋季即可开花。

牵牛花的种子。

摄影/陈熙伦

牵牛花可以用扦插法来种吗？什么季节种好？

 多年生的牵牛花，除播种法外，亦可在春至秋季进行扦插繁殖：取中熟健壮枝条10~15厘米一段为插穗，插于砂床或疏松壤土即可。另外还有牵牛花的压条繁殖法：将匍匐地面的茎蔓直接覆盖土壤，让它从茎节处发根之后，再剪切另外种植成新株。

可采用扦插或压条繁殖。

摄影/魏丽萍

龙吐珠这名字是怎么来的？

 龙吐珠为马鞭草科的常绿蔓性植物，原产热带非洲，台湾常见于初夏至深秋开花。初开时只见到乳白色的花萼，而后鲜红色的高盆状花冠自乳白色的花萼伸出，最后白色细长的花蕊再由鲜红的花冠中挺出，就好像是神龙昂首吐珠喷火一般，所以叫做龙吐珠。

于早春时节适度修剪和施肥，可促进龙吐珠快速生长。

摄影/陈坤灿

听说吃藤三七对身体不错，它有什么作用呢？

 藤三七本名洋落葵（也称川七），珠芽和叶片均有药效。其中珠芽具滋补活血、强壮腰膝、消肿散瘀之效。叶片则可治习惯性便秘和肿毒，两者均可制作药膳。尤其叶片快炒麻油，色香味俱全，口感十足。因此不妨在花架或铁窗上栽种一两株，平时欣赏蔓生的风姿，叶多时又可摘下炒成美味。

摄影／叶子

藤三七生长迅速。

看过紫色和黄色的百香果，两种差异在哪？

 百香果是可供鲜食的经济果树，台湾以紫色种和黄色种为主。

紫色种自日本引入台湾，茎、叶片及卷须均呈绿色，果实为紫黑色。黄色种则是自夏威夷引入，茎、叶柄及卷须均呈紫红色，果实则为鲜黄色，果形较大且含果汁率高，品质风味佳，为加工果汁理想品种，但此种具自交不亲和性，必须不同植株间利用人工授粉才能结果。

因此凤山热带园艺试验分所，将紫色种和黄色种杂交，选育出具自交亲和性且经虫媒授粉即可结果的新一代杂交种。它果形大，果实颜色为鲜红色，高产质优，命名为"台农1号"，成为目前台湾经济栽培最主要的品种。

摄影／陈家伟

紫皮品种。

摄影／陈家伟

黄皮品种。

住在风大的高楼层，会不会把软枝黄蝉的枝条吹坏？

Q309

A 楼层愈高，阳台的风愈大，应选择较健壮的植物种类，且风大的地方建议要有挡风措施，或设法将枝条固定在枝架或铁窗上。尤其台风来袭时，可能会将枝叶折断、动摇到根系，造成落叶与开花不良，更要采取挡风加固措施。

摄影／陈家伟

软枝黄蝉颜色艳黄亮丽。

买了一盆可爱的纽扣藤，好像很容易缺水，该怎么种？

Q310

A 纽扣藤又称铁丝草，是蓼科草本蔓藤植物，叶片为圆形或宽椭圆形。铁丝草的得名是因为它的藤枝纤细而颜色像是深褐色铁丝。纽扣藤适合种在光线明亮的半日照位置，由于藤枝较细、叶片繁多，水分蒸散特别快，所以纽扣藤要注意浇水，以免缺水而枯萎落叶。纽扣藤的花序长于枝端或叶腋，花萼浅绿，花冠细小、白色，经常当作可爱的垂盆植栽。

纽扣藤纤细可爱，需水量多。

摄影／陈家伟

看到公园那种整串的蒜香藤紫色花好美，能在阳台种吗？

想以蒜香藤等开花性藤蔓植物绿化阳台，首先阳台光线要充足，最好是种在一天中阳光可直射三四个小时以上的南向或西向阳台。然后到花市或园艺店买一株较大的藤蔓，若阳台较大，也可购买两株分置阳台两边，向中间诱引枝蔓生长，达到绿化效果。盆子可选择 25 厘米左右或更大的，让根系有较大空间生长，枝叶就可生长茂盛，增加开花数量。

要怎么让蒜香藤顺着铁窗攀爬？

将枝蔓以绳索或带子固定在您希望它生长的位置，固定一段时间后，蒜香藤的卷须即会自行缠绕在枝柱或铁窗上，注意让枝蔓的先端贴近支柱或铁窗。此时期可添加氮肥以加速生长。若只种一株，但希望它爬满整个铁窗或阳台，则应先行剪去植株顶端，让它长出数个侧枝，再依上述方法诱引。

摄影／赖维刚

蒜香藤在春秋季开花。

蒜香藤真的有蒜味吗？如何才能让它开出一大串的花？

 蒜香藤是常见的藤蔓植物，因为花、叶和全身汁液均有浓厚的大蒜味道，才被叫做蒜香藤。藤蔓经诱引长到一定大小和形状后，就要减少氮肥施用，增施磷、钾肥以促进开花。蒜香藤所开的花会集中在水平伸展的枝蔓上，花期后应将开过花的部分和凌乱的枝蔓进行修剪，以培养下季开花的新枝。

用盆子种紫藤，土要多深才能长得像种在地上那般高大强健？

 紫藤是藤蔓植物，只要有灌木的土量，经诱引可长得和乔木一样高大。理想的情况是能有 40~45 厘米深的栽培土层，且栽培土层下方有 10~15 厘米的排水层，栽培土层以砂质土壤为佳，排水层以粗砂、珍珠石或小粒砾石为宜。若土量不足，则生长于花槽或花盆的植株，生长势会明显差于庭园栽植的植株。

紫藤在春季开花，具有紫色蝶形花冠。

图片／花木修剪基础全书

如何让龙吐珠快点长高、攀爬到花架上面？

 若想让龙吐珠能尽快长高，攀上花架，有下列建议做法：

1. 换植大盆。生长量大的植株需有足够的根系，因此可移至 25 厘米左右或更大的花盆。

2. 适度修剪。花后尽速剪除花序，让侧枝萌出，并只留一主要侧枝，其余侧枝除去以减少养分浪费，加速主侧枝向上伸展。最好还要有支柱或支架让它依靠攀爬，并以绳索牵引固定。等枝条爬上棚架后再适时摘心修剪，以促进侧枝伸展，早日达到遮阴效果。

3. 养分补给。加强浇水和氮肥施用，可加速枝条的生长。

使君子的茎蔓杂乱怎么办？

 使君子为藤蔓植物，初期茎蔓攀附力差，应用绳索固定于支架上，主蔓才能充实变粗，进而促使侧蔓生长、开花。若枝蔓过于凌乱，它们会一方面互相遮阴，一方面互抢养分，导致每一枝蔓均不易成熟开花。可利用冬季落叶期间，疏除过多的枝蔓，让留下的枝蔓较易成熟、充实而开花。

摄影／陈坤灿

使君子初开时为白色，渐转为粉红至深红色，花期自初夏至秋季。

炮仗花是什么季节开花？施什么肥才会开得好？

 炮仗花在春、夏季节开花生长期间，约每1~2个月施加一次追肥，以速效性化学肥料为主，氮肥可稍多些以加速生长，而且此期间土壤应保持湿润以利生长。到了秋、冬季节则应逐渐减少浇水，保持干燥，并添加磷、钾肥为主的化学肥料或有机质肥料，较有利花芽形成和开花。

炮仗花在春季开出成串的橙红色筒状花朵。

藤三七喜欢什么样的环境？需要全日照吗？

 藤三七对土壤适应性广，但仍以排水良好且富含有机质的砂质壤土为佳，要求常保持湿润而不太湿的状态。藤三七适合半日照或稍遮阴环境，夏季在全日照处，叶片易变黄且色泽较暗淡。

摄影／王正毅

藤三七生长快速又可食用。

藤三七怎么种才会快速爬满棚架、铁窗，既美化又可吃？

 要促进枝叶旺盛，每个月可加强氮肥的施用，让枝蔓较快生长，迅速爬满棚架或铁窗，且叶片大而肥厚，快炒的口感更佳。而若是改施高磷钙的肥料，则可促进开花，欣赏集体穗状花序。

摄影／王正毅

藤三七叶片快炒，口感滑嫩。

为什么用厨余水灌浇落葵，叶片尖端却开始枯萎了？

 您所施用的厨余水，很可能还未腐熟（闻起来应仍有臭味），故根部不但无法吸收作为养分，反而受到伤害使吸水受阻，造成叶片枯萎。改善之道：应停止厨余水之供应，并以大量清水淋洗盆土，再将枝叶枯萎部位修剪，让其重新萌芽生长，之后应加强氮肥为主的肥料供应。若情形仍无改善，则应换土换盆栽培或剪取枝条进行繁殖。

摄影／叶子

落葵即为皇宫菜，口感滑嫩。

朋友想要一些藤三七回去种，该剪取哪个部位给他种？

 扦插藤三七通常取中段枝条的双节带叶插穗（约10厘米一段），四周左右可发根成苗。或是取单粒珠芽（零余子）略阴干后，种入介质中，保持湿润约2~4周也可发根成苗。

九重葛喜欢什么环境？日照要很强吗？ **Q322**

A 九重葛是紫茉莉科的蔓性藤本植物，全年可以开花，喜好强光、短日和中等温度的环境，耐旱也耐风。若在长日照环境下，则需较冷凉的温度，花会开得特别好。

植物小档案 九重葛

九重葛原生于南美洲的巴西，又称南美紫茉莉。其供观赏的花，其实是由三片苞片及其内的花朵所组成，真正的花是苞片内侧浅黄白色细筒状的小花。苞片似三角形，所以又称三角花或三角梅，九重葛可作多种栽培用途，如花棚、绿廊、绿篱、盆景等，花色繁多艳丽，花期长达半年以上。

摄影／郑锦屏

白色细筒状的小花才是九重葛真正的花。

去花市买九重葛，盆子好像都不大，买回来要换大盆子吗？ **Q323**

A 由于九重葛要开花，所以必须生长在充分的日照下，而且花芽形成时期喜欢较干燥的环境，若是盆器太大，盆内水分不易干燥而常保湿润，反而容易形成徒长枝。因此买回来的九重葛，不必急于换大盆。

摄影／郑锦屏

盆土稍干可刺激九重葛开花。

软枝黄蝉要怎么种才可以开出又多又漂亮的大黄花？

 软枝黄蝉性喜高温多湿，生长适温约22~30℃，栽培介质以富含有机质的壤土或砂质壤土为佳，排水须良好，但生长旺盛时期需水量多，应注意补充水分。日照充足才能使开花良好。除了一般的管理作业外，软枝黄蝉还要注重修剪。因为其直立生长的枝条较不易开花，水平发育的枝条较易开花，因此修剪时可顺便将枝条牵引或固定成水平方向生长，并疏剪一部分过密的枝条，以利通风透光。这些都有助于开花。

摄影／陈坤灿

软枝黄蝉春到秋季开花。

台风来时，把紫蝉的枝叶折断了，怎么补救？

强风侵袭过后，除了将枝叶折断，很可能也已动摇到根系，造成根系断裂受损，影响吸水能力。如有落叶连连的现象，应尽快适当地修剪受损的根系和枝叶，并重新进行换盆，让它渐渐恢复生长。另外在风大的地方应有挡风措施或设法将枝条固定在枝架或铁窗上。最后，当主枝皆已固定良好后，可再将枝条摘心，促使多分侧枝，则可开出更多的花。

摄影／陈坤灿

紫蝉适合盆栽、花架与围篱。

龙吐珠种了一年，只长高、长枝叶，为何都没开花？

 枝叶繁茂却未见开花，可能的原因如下：

1. 日照不足。龙吐珠虽然对日照的要求较大部分的藤蔓植物低，但每天有四小时以上的直射日照才较易开花。

2. 施肥不当。若是叶色浓绿且枝条徒长，可能是氮肥施用过度了，要改施磷、钾肥为主的肥料。

3. 浇水太多。土壤过于潮湿易导致水分和氮肥的吸收增加，枝叶生长迅速但不够成熟。此时应该减少浇水量，使植株生长减缓，节省下的养分便可用于开花。

为什么紫藤枝叶茂盛，有时看到花芽却不见开花？

 紫藤多在春天开花期后形成花芽，但花芽发育至一定阶段后即进入休眠，需经冬天的低温后，才能打破休眠并于隔年春季开花。而紫藤大多数的品种对低温的要求量往往高过台湾平原地区的低温供给量，使得花芽虽能形成，但常无法顺利开花。

摄影／萧维刚

紫藤自古就是著名的观花藤蔓。

种了几年的紫藤为何连花芽都没看到？

 若是连花芽都无法形成，则可能的原因有：

1. 仍为幼年期的植株。因种子实生的紫藤约有五六年甚至十多年（依品种而异）的幼年期，过后才能开花。

2. 光照不足。紫藤要形成花芽和开花，每天最好有 4 小时以上的直射日照，否则植株易徒长而不开花。

3. 枝叶生长过盛。可能因氮肥施用太多、浇水充足或枝叶未经适当修剪，以致枝蔓生长旺盛，养分多用于生长，而无余力分配于开花。

改善建议：如因光线不足，须移至强光处。至于生长过旺，则应控制浇水和氮肥（改用磷、钾肥为主的肥料）。此外，紫藤只在茎蔓（枝条）基部两三节形成花芽，因此伸长、缠绕的枝蔓会消耗养分且对开花不利，应于每年秋天或之前剪短。将盆栽紫藤养成枝蔓粗短的小灌木状，最有利于开花。

紫藤开花不良，可以用嫁接法改善吗？

 假如栽种环境没有问题，但仍然开花不良，可能是低温量不足或植株还在幼年期的关系。如果如此，可以选用在当地已开花良好的紫藤品种枝条作接穗，嫁接在您的紫藤植株上，应可获得改善。

日本品种的紫藤到了冬天开始枯萎落叶，是正常的吗？

 紫藤是蝶形花科的落叶性藤本植物，因此和紫薇、樱花、木棉、凤凰木、阿勃勒、枫香、榄仁等落叶树一样，到了每年秋冬为了御寒，自然会有落叶现象。不过亚热带地区，冬季若无霜雪，落叶的规模较小，也不见得会掉落所有叶子。

摄影／萧维刚

紫藤花穗长而成串悬垂绽放，有如万蝶群集。

矮牵牛叶片上出现黄绿相间的嵌纹，这是怎么了？

叶片出现黄绿相间的嵌纹，而且伴随着叶片萎缩变小、间节变短、植株变矮小的情况，可判断是植株染上毒素病，这几乎是无法医治了。染病的原因是由蚜虫、蓟马或粉虱等害虫刺吸植物时传入的，所以平常还是要慎防感染病虫害。

摄影／陈家伟

矮牵牛外型类似牵牛花，但分类上差异甚大。

为什么使君子都种了一年多，枝叶茂密却还不开花？

使君子不太开花的原因有：

1. 光照不足。栽培使君子时最好有全日照或每天直射日照 4 小时以上，这对开花最有利。种于荫蔽处则植株易徒长而不开花。

2. 营养生长过旺。使君子于枝条顶端形成花芽，必须让枝条生长处于停顿状态，才能更好地形成花芽。因此使君子于花芽形成前宜适度减少浇水和施肥，使其生长减缓，方有利于开花。使君子耐旱性强，土壤稍干燥亦无妨，因此在花芽形成前，应待叶片稍软再浇水。

3. 株型凌乱。使君子初期茎蔓攀附力差，

应用绳索固定于支架上，主蔓才能充实变粗，进而促使侧蔓生长、开花。若枝蔓过于凌乱，各枝蔓会互相遮阴，互抢养分，而导致每一枝蔓均不易成熟开花。此时应疏除过多的枝蔓，让留下的枝蔓较易成熟、充实而开花。尤其冬季落叶期间，更应修剪整枝。

4. 栽培的是根插苗或低节位枝插苗。如上述皆非植株不开花的原因，则可能是您买的苗株为根插苗或是植株基部枝条所繁殖的枝插苗，其发育成熟度较低，也就是仍具幼年性，因此其开花自然较为延迟。

炮仗花买回来 3 个月，叶子变黄，卷须干枯，怎么办？

A 炮仗花植株生长停止、叶子卷须干黄为典型的缺水或缺肥特征。首先检查其根系是否有纠结老化、腐烂或因病原菌及虫害造成的危害的现象。若有，则建议尽速换盆。换盆时去除部分土壤，修剪根系并做病虫害的防治，然后在盆中添加富含有机质的介质。地上部枝叶枯萎黄化部分也一并剪除，初期充分供水，当生长势恢复后，再追施速效性肥料以促进新枝条，应可逐渐恢复美观。

摄影／郑锦屏

炮仗花又称黄金珊瑚，枝条可长达 20 米以上。

为什么百香果开了很多花，却都等不到果实？

A 紫色种的百香果，可在自然情况下由媒介昆虫授粉结果。而黄色种百香果，因花器构造特殊，雄蕊和雌蕊柱头距离大，一般授粉昆虫难以协助授粉，且具自交不亲和性，所以自花授粉不易结果，必须不同植株间利用人工授粉才能结果。因此推测百香果只开花不结果，应该是种植了黄色种的百香果，建议在开花期间，利用毛笔沾取花粉，授在另一植株的花朵上，可有利于结果。

摄影／陈家伟

百香果是西番莲科落叶藤本，花形十分特殊。

如果希望能多采收百香果，可以嫁接什么品种？

 如果您现栽培的品种为黄色及紫色百香果（不经授粉处理结果能力较差），可将植株作砧木并嫁接"台农1号"进行栽培，此品种是从紫色种和黄色种杂交后选育出来的，可利用虫媒授粉且具有自交亲和性（就算无虫媒也可结果），其果实为红色，果实大、产量丰硕。另外，成熟的百香果会转色，一般而言，当果实掉落在地上时代表可以食用了。

摄影／花木修剪基础全书

未掉落的百香果，表示还没成熟。

为什么九重葛的花愈开愈少了？

 九重葛花开减少可能的原因分析：

1. 光照。九重葛喜好强光、短日照和中等温度的环境，夏季时冷凉山区（因温度较低）及进入秋冬季后南部地区（因光线较强），花朵开放较其他地区为佳。因此，要促进盆栽九重葛开花，首先应使植株生长在充分的日照条件下。

2. 栽培的盆器勿太大。因九重葛花芽形成时期喜欢较干燥的环境，用太大的盆器种植时，盆内水分不易干燥而常保湿润，容易形成徒长枝。

3. 施肥方面。当叶片已茂盛生长时，不宜再多施氮肥，宜改施磷、钾肥比例较高的肥料。

4. 当枝条太过浓密。造成叶片相互遮阴时，要疏除部分枝条才有利开花。一般的枝条成熟后，在环境适合且盆土微干的情形下，可自然形成花芽。老化的枝条亦可利用修剪促使侧芽萌发而形成花芽。徒长枝若抽得太长，宜将先端剪去，抑止抽长，待枝叶在全日照下发育成熟后，再以拉枝、曲枝的方式促使开花。

摄影／Alice Wu

九重葛是紫茉莉科常绿藤本。

园艺知识
补给篇

在亚热带气候形态的台湾，可以栽培各种温带、热带植物。为了让每种植物都能安然度过凉季。以及顺利越过夏暑，维持植栽最佳状态，应依照季节与植物的需求，给予适当的修剪、换盆、施肥与病虫害防治等园艺照顾。

园艺知识补给篇

种子种植

买了花卉种子，可以用之前种过其他植物的土来种吗？

A 播种用的介质特别要求洁净，尤其忌讳之前施用过化学肥料，或未经腐化的有机肥料的土质，否则容易导致种子腐烂或发芽后根系受伤。播种的介质以细团粒状的砂质壤土为佳，可兼顾通气排水性和保水性，底部也可以放入 2~3 厘米的发泡炼石以增进排水，避免介质太干或过湿。

用发泡炼石垫底，增加排水性。

种子表面要覆盖多厚的土才对呢？

A 许多花卉种子需要光线才能发芽，如四季秋海棠、非洲凤仙、矮牵牛、一串红、天竺葵、大波斯菊、鸡冠花、夏堇、繁星花、天人菊和彩叶草等，因此播种时只能覆薄土或不覆土。另外，有些种子则必须全暗的条件下才能发芽，如三色堇、金莲花、千日红、日日春和百日草等，这类种子播种时一定要覆土。覆土的厚度通常约为种子直径的 2~4 倍。

依据植物特性，决定播种是否需要覆土。

种子种下去之后，要浇多少水？多久浇一次？

种子播种后要保持介质适当湿度，若介质干燥后再行浇水，则难以恢复种子生机；反之，若介质积水不退或排水不良，易使种子过度潮湿而腐烂。所以还是要依照实际种植环境的温度湿度，给予适量的浇水，或是在盆器上覆盖一层保鲜膜保湿，待种子发芽后，再慢慢掀开（不可以马上去除保鲜膜，以免湿度变化过大而导致幼苗死亡或生长不良）。

摄影／王正毅

保持介质湿度，有利种子发芽。

扦 插 繁 殖

为什么扦插繁殖有时成功，有时失败，要如何选枝条？

一般来说，幼嫩的枝条较老熟枝条容易发根，但发根前容易因失水而枯萎，因此建议以中熟充实的枝条为佳，也就是介于绿色嫩枝与褐色木质化老枝之间的半木质化枝条。

摄影／何忠诚

取中熟枝条作为插穗。

用来扦插要剪多长一段？怎么剪才对？
需要留叶子吗？

 扦插一般剪取 10~15 厘米的枝条作为插穗，带 2~3 个芽，插穗上方平切，下方斜切，插穗带叶子可促进发根，若叶子太大可剪去一半。插枝时，约将插穗的一半插入土壤介质中，注意上下不可颠倒，插入的部分若有叶子则要去除。

剪取用于插穗的枝条。

摄影／何忠诚

将插穗插入土壤介质中。

扦插要在什么季节才容易成功？
要用什么介质？

 多数花木类最有利插枝发根的温度在 20~30℃之间，以春、秋两季最为适合。扦插的介质要兼具保湿性与排水性，根才能透气。如果栽种的环境较为潮湿，可以单独使用珍珠石当介质；若环境干燥，则可以使用珍珠石加入等量剪碎的水苔来加强保水，而且水苔是弱酸性，还可以刺激植物快速长高。

摄影／何忠诚

珍珠石适合作为扦插的介质。

扦插之后，需要晒到太阳吗？

A 插穗未发根前，吸水力很差，因此要维持高湿度，避免水分快速蒸散而枝条枯萎。因此插枝繁殖应避免阳光直射，而且土壤介质要经常浇水以保持湿润。对插穗用喷雾器喷水来提高湿度，或者以透明塑胶布（袋）、保鲜膜等覆盖保湿，如此均可提高发根成活率。

摄影／何忠诚

扦插后使用保鲜膜覆盖，保持介质湿润。

如果扦插一直没有发根怎么办？

A 难以扦插发根的植物，可以到园艺店购买**发根剂**，它有粉剂和液剂两种。只要将插穗的基部沾上粉剂或浸泡液剂后，再插入土壤介质中，即可有效促进发根。

摄影／何忠诚

插穗沾取发根剂再插入介质。

浇 水 施 肥

为什么种植物需要施肥？

A 施肥的目的是给予植物营养元素，促进生育健壮、开花良好。如果土壤能充分供应植物所需的各种营养元素，则不一定需要施肥。但一般情况下，土壤肥力常显不足，因此施肥也就成为栽培管理中不可或缺的一环。市售的肥料，种类和品牌很多，若肥料选用不当，不但无法获得肥效，反而会产生反效果，例如枝叶大量生长而不见开花，因此施肥前应对肥料有基本认识。

肥料中常见的氮、磷、钾三种元素，对植物有什么好处？

植物所需的营养元素有十多种，其中以氮、磷、钾三种元素最易缺乏。因此施肥时大多以供应这三种元素为主，它们称为"肥料三要素"。其中氮是制造叶绿素的主要成分，能促进枝条和叶片的生长；磷主要促进开花结果；钾则主要促进茎枝加粗、根芽生育。更简单地说，氮是使植株长得快、长得大；钾是使植株长得好、长得壮，加速植株成熟；而磷则在植株成熟时，促进花芽形成和开花结果。

氮 N（叶片）
制造叶绿素、促进枝叶浓绿

缺乏时：
生长停顿、叶片黄化脱落

施用过量：
徒长、妨碍花芽分化和开花。
→幼苗及观叶植物需较多氮肥。

磷 P（根、花果）
构成细胞核及原生质
助长根部发育、促进开花结果

缺乏时：
根系功能转弱、影响开花结果。
→观花观果、球根花卉需较多磷肥。

钾 K（茎干）
强壮根茎枝干、抵抗病虫害
增进叶簇与花色美观

缺乏时：
枝条软弱、叶片提早老化。
→中苗以上或成株需较多钾肥。

化学肥料和有机肥料的成分是什么？哪种比较好？

1. 化学肥料又称为无机肥料，是指以非生物体或无机矿物提炼制成的肥料，好处是成分稳定、效果显著、使用简便。

2. 有机肥料又称为天然肥料，是由生物体有机物质自然腐化形成的肥料，如植物原料的豆饼、油粕，以及动物原料的鸡粪、骨粉等都是。有机肥料的特性是分解缓慢、肥效持久，而且可改善土质，使土壤更适合植物生长，但需经充分腐熟后才能利用。

肥料的包装上都会标有三个数字，是代表什么？

肥料包装上的三个数字即代表氮、磷、钾肥的含量。例如花公主3号为13-17-12，代表每100克肥料中含13克氮肥、17克磷肥和12克钾肥。少数肥料包装上还有四个数字，则第四个数字代表镁肥含量。施肥的原则是，在植株小苗或生长季节时，施用含氮素较多的肥料，加速枝、叶生长；而当生长至一定程度，应改施磷、钾肥为主的肥料，使其生长减缓，而所制造的养分得以蓄积用于花芽形成和开花。至于镁元素则用以补充日照不足造成的营养缺乏。

肥料包装上的数字代表氮、磷、钾含量。

摄影／陈家伟

可以直接拿厨余做成的有机肥当土壤来种花吗？

厨余所制成的有机肥，必须确定发酵完全才可用来种植花卉植物。但一般厨余的堆肥因每次使用的材料不尽相同，每次所制作的成品肥料成分也不完全相同。故一新制作的堆肥在使用时建议与栽培介质以比例3~5（栽培介质）：1（厨馀堆肥有机肥）混合使用，经一段时间后确认对植物栽培尚无影响，则可逐步增加厨余堆肥的用量，甚至可直接当作栽培介质。此时可不用再施肥，栽培一段时间后如于生长期间发生叶片有变黄或植株生长缓慢现象，再行补充肥料。

／陈家伟

土壤和有机肥充分混合之后再使用。

家里的厨余要怎么做成有机肥料？

A 制作居家堆肥可以购买市售家庭堆肥桶，或者运用底部有水龙头的桶子，如蒸馏水桶。将厨余放入桶中，加入有机肥料后封紧桶盖，之后两天一次打开水龙头让多余的水分排出。当桶子堆满后，再放置两个月左右（必须持续排水）。若桶内的厨余已完全分解发黑、没有臭味，即可利用；假如仍有臭味，可埋入土中继续堆置，直到发酵完全再来运用。

摄影／陈家伟

步骤1　居家常有的中药渣、咖啡渣、甘蔗渣都可以拿来做堆肥材料。

摄影／陈家伟

步骤2　将厨余层层堆叠。

摄影／陈家伟

步骤3　封住开口再放置等待分解成有机肥。

洒了鸡粪肥，结果有臭味怎么办？

A 买回来的鸡粪肥，有可能只是将新鲜鸡粪晒干或烘干处理即出售，其实仍未经发酵腐熟，因此施用后若经浇水会产生恶臭，即代表仍未完全腐熟，此种肥料应移走，经堆肥处理或堆置一段时间，待臭味消除后才可重新使用。

摄影／陈家伟

不当的肥料应脱盆更换介质。

常抓不准何时应该浇水，到底要怎么判断植物缺不缺水呢？

A 正确的浇水时机是在土壤中的水分即将用完之时。每次浇水都要完全浇透，盆底排水孔流出水，一直到盆土表层的土壤干松时，才需要再次浇水。而依照植物对水分的需求，浇水时机稍有差异：

1. 湿润型： 通常叶片较薄而大或生长快速的种类，如蕨类、草花类，约在表土稍干便需浇水。

2. 普通型： 大多数的植物属于此类，约表土 1~2 厘米深的土壤呈干松时再浇水。

3. 干燥型： 茎叶肥厚的种类通常较耐旱，如仙人掌和多肉植物，可等盆土干燥变轻时再补充水分。

枝条细软的草花，浇水要频繁。
摄影/陈家伟

一般花木，浇水量适中。
摄影/陈家伟

耐旱的多肉植物忌讳浇水过多。
摄影/陈家伟

叶片和花朵碰水容易腐烂的种类，该怎么浇水？

A 对于此种植物，建议采用盆底供水的方式，也就是将种着植株的盆底部浸入水盆当中，由底部孔洞来吸水。当盆土变重变湿，表示已吸收足够水分，即可将盆栽从水盆中取出。如此即可避免叶片、花朵沾湿而腐烂。

叶片积水易烂的植物，可由盆底供水。
摄影/陈家伟

夏天一不注意，植物就失水干枯的样子，要怎么浇水才对？

A 高温、强光、低湿度会使植株失水过度，导致叶片枯萎、黄化、掉落。种在户外的盆栽植物，每天都要浇水 1~2 次，时间以早上九点前或下午四点后较适合。浇水后要注意叶片上不要残留大水滴，以防中午阳光烧伤叶片。此外，也可以对植株和周围喷雾来提高湿度并降温。

摄影/陈家伟

夏天早晚可各浇水一次。

出差、出国时无法帮植物浇水怎么办？

A 植物不能正常浇水时，可将植物搬到室内阴凉处，减缓水分蒸发，再搭配下列方法供水：

1. 盆栽底部放置水盆，让盆栽从底部吸水。

2. 盆栽暂埋地面。如果家中有小空地，可将盆栽连盆暂时埋入湿砂或土中，然后充分浇灌，如此可维持 5~7 日不必浇水。

3. 先把盆栽充分浇水，然后将盆栽放入大型塑胶袋中，倒入 2 杯水，将塑胶袋吹入空气再密封起来，形成小型温室，可维持 15~20 天不需浇水。不过放置地点要选择光线明亮但没有强烈日照的地方，否则袋内会产生高温，引起茎叶腐烂。

4. 虹吸式给水。把水桶装满水，置于盆栽上方，用布条做导水线，把水导引渗入盆土。

5. 点滴式给水。水龙头套上水管，然后调整水流为点滴量，再将水管牵引至盆土上面，使其慢速给水，或利用各种容器制作简易的滴灌系统。再者可使用市售的一些简易滴灌设备来达到浇水的目的。

摄影/何忠诚

怎么判断需不需要帮植物换盆？

Q356

A 当盆栽植物的植株太大，旧盆空间已不符植株生长所需时，或是盆土变硬、变少，根已长出排水孔外，就表示该换盆了。"换盆"其实包括"换盆和换土"，且换土比换盆更重要，也就是说，如果不希望盆栽长得更高大，可使用原来的盆子，只需更换老旧介质和修剪败坏的老根。

摄影/陈家伟

换盆时，去除老旧硬化的土壤。

什么时候换盆，才不会伤害到植物和影响开花？

Q357

A 在换盆前，有两点应注意：一是换盆应在开花后或休眠新芽萌发前进行，且应避开夏季炎热或冬季严寒时期。农历立春后新芽生长时期千万不要换盆，以免新芽无法萌发。二是换盆前先暂停浇水两天左右，使盆土略干，便于植株连土从盆内取出。

摄影/陈家伟

炎夏和寒冬都不适合换盆。

盆栽种久了，土壤愈来愈硬，怎么办？

Q358

A 盆栽中的土壤由于长期不断地浇水或天然雨水所施加的压力，会造成盆土体积减少，大孔隙变成小孔隙，形成接近黏质土的特性，土壤就容易变硬，而影响透气和排水性。因此建议定期用筷子或小铲子在不伤害植株根部的情况下，翻新盆土表面数厘米，然后施用有机质肥料，以促进土壤团粒结构的形成，改善土壤。另外也可以添加无土介质，如：如泥炭土、珍珠石、砂子、发泡炼石、稻壳、椰子丝等。

盆栽植物枯死了，土壤可以再次使用吗？

Q359

A 栽培一段时间，盆栽中的植株枯死之后，可将盆土自盆中取出敲松土块，去除枯死的植株和根系，然后仔细检查有没有病虫害，之后建议堆放一段时间或经土壤消毒后再行使用。倘若必须马上使用，建议拌入新土和有机肥，充分混合之后即可使用，但尽量避免栽培同样的植物种类，以免产生连作障碍，使植物生长不良。

旧土和入新的土和肥料，即可再次使用。

之前土中有长过虫，那些土能够消毒之后再用吗？

Q360

A 为避免浪费，土壤消毒过后，可以 1：1 的分量拌入有机肥或培养土，再一起使用。较可行的消毒做法有：

1. 蒸土消毒法。将土壤敲松、清除杂物后，加入少量水分，用电锅蒸热消毒。

2. 塑胶袋消毒法。将土壤敲松、清除杂物后，将土壤浇湿，装入塑胶袋中，密封袋口，放在大太阳底下曝晒 7~10 天，期间需经常翻动袋内土壤，以均匀完成曝晒。

3. 炒土消毒法。将土壤放入大铁锅，底下以火烧烤，过程中要记得翻动拌炒，大约一小时即可达到消毒杀菌效果。

步骤1 先将土壤淋湿

步骤2 装入塑胶袋中，密封曝晒做消毒。

为什么要换盆？换大盆时添加的介质，什么比较理想，比例为何？

A 盆栽植物和庭园生长植物最大的差别，在于其根部生长受到花盆的限制。由于根部在盆内生长，无法如在土地里生长那样自由发展，吸收水分和养分，透气性也比较差，因此它需要随着植物茁壮来换盆。理想的介质应是：透气排水良好，保水、保肥力佳，土壤酸碱度在 pH 5.5~6.5，不含病原菌、害虫及有毒物质。一般来说，单一土壤很难达到理想状态，因此换盆时可以添加土壤并拌入无土介质，如砂、蛭石、珍珠石、泥炭土、赤玉土、碳化稻壳、发泡炼石、人造土、树皮、椰纤、蛇木等，建议的比例：

- 木本植物，土壤：泥炭土：发泡炼石 = 1：1：1。

- 草本植物，可以完全添加无土介质，如泥炭土：蛭石：珍珠石 = 2：2：1。

1. 椰纤
2. 唐山石
3. 赤玉土
4. 碳化稻壳
5. 蛭石
6. 珍珠石

摄影／陈家伟

摄影／陈家伟

换盆可帮助根系生长、植株茁壮。

北向阳台是不是最容易让植物遭受寒害？

A 北向的阳台因东北季风较强，宜有挡风设施，否则植株最易受害。特别寒冷的日子，入夜后气温更低，可为植株套上塑胶袋或纸箱，以隔绝冷空气，但白天则应脱去此"外套"。

寒流来袭时，植物会不会冻坏？要怎么越冬？

A 要避免寒害现象的发生，首先要让植株接受充分的日照。冬天的阳光很柔和，在充分光照下，植株进行光合作用所制造的养分大多储藏在体内，可提高植株的御寒能力。此外，由于植物快速生长时抗寒的能力较弱，因此不宜施过多的水分，只要盆土的表面2~3厘米以下干燥时才浇水。此时，亦可停止施肥或酌施长效性肥料，力求植株长得慢而健壮，如此最易越冬。而当寒流来袭时，可将植株移入室内或较温暖、避风的地方。

炎热的夏天，需不需要帮所有植物遮阴？

A 遇到夏季高温，盆栽植物可移到阴凉的地方，或者将中、小型盆栽移到大型植株的树荫下。对于不易移动的大型盆栽或庭园植株，则可以搭设遮阳网子。假如植株在春天至早夏大量生长，也可能因枝叶量过多，导致水分蒸散过快。因此需适度修剪，一方面是调整树形，一方面也可减少水分失衡现象。

摄影／何忠诚

适度修剪，也可预防水分过度散失。

常见植物病害有哪些？要如何防治？

A 植物常见的病害、症状及防治方法如下表所列，可时常观察有无异状：

病害名称	外观症状与治疗方式
黑霉病	叶片上有黑色粉状病斑，多为蚜虫分泌之黑霉菌引起。 →以肥皂水清洗或用棉花蘸酒精去除
灰霉病	染病植株叶、茎或盆土上出现一层灰霉。 →切除患病部位，并改善通风、降低湿度，再喷杀菌剂
白粉病	叶、茎表面出现白色粉状物。 →摘除病叶，喷杀菌剂，改善通风，勿过度浇水
叶斑病	叶片上出现褐色斑点，严重时病斑上有灰色霉状物覆盖。 →先摘除病叶并烧毁，再喷杀菌剂，改善通风，氮肥不可施用太多
根腐病	初期根部或地际部出现水浸状斑点，而后植株倒伏死亡。 →摘除患部，清洗根部、切除腐烂部位，更换新土壤，平日勿过量浇水
炭疽病	叶片出现圆至椭圆形病斑，病斑中央为淡褐色，周围为褐色，病斑多时叶片枯死。 →改善通风，降低湿度，喷杀菌剂，摘除病叶
毒素病	出现嵌纹的病征，植株黄化、矮化或产生斑点。 →摘除病株并烧毁，去除媒介昆虫，如蚜虫，然后更换干净土壤

摄影／陈家伟

炭疽病

摄影／郑栯屏

毒素病

在花市看到宣称蚊虫不会来靠近的防蚊树，真的有效吗？

A 市面上有两种"防蚊树"宣称具有驱赶蚊虫效果，一种是香叶天竺葵、一种是香冠柏（金冠柏）。这两种植物虽具有蚊虫不喜欢的挥发性物质，但如果只是栽种一两株，释放量有限，效果也不明显，除非是种植量大，环境干燥湿度低，才会释放较足够的挥发性物质来驱赶蚊虫。

看见盆栽有蚂蚁进出，有关系吗？

蚂蚁本身对植株的危害虽不大，但若在盆栽根部产卵筑巢，则会啃食植株幼嫩的根部，妨害根部生长。此外，蚂蚁常与重要害虫如蚜虫、介壳虫等共生，吸食蚜虫、介壳虫所分泌的蜜露，并将本来不善移动的蚜虫、介壳虫，迁移至别处危害，加速害虫的扩散，等于是间接危害到植物健康。

摄影／陈家伟

蚂蚁多时，可放置杀蚁粒剂，蚂蚁取食搬回，便可全巢皆亡。

摄影／陈家伟

蚂蚁会加速害虫扩散。

盆栽有蚂蚁进出，又不想喷洒杀虫药，怎么办才好？

1. 驱赶法。若蚂蚁不多，可将辣椒粉或薄荷叶撒在蚂蚁经常出没处，有良好的驱蚁效果。

2. 浸水法。在脸盆或桶子装入与盆栽高度相当的水位，将盆栽浸入水中 20~40 分钟，可将蚂蚁驱赶出来并淹死。

3. 诱杀法。在盆栽附近放置除蚁药膏，吸引蚂蚁出来搬食。

4. 灌注法。可利用市售除蚁剂稀释液（使用方法请参考包装上说明）灌注盆土，灌注量以盆土整个均匀湿润即可。再以塑胶袋将盆子整个包紧，只留地上部的植株露在袋外。经一天后，再拆开袋子即可。若不想用药剂，也可用烟丝或烟蒂在热水中浸泡 1~2 天，待水变成深褐色时再稀释成褐色溶液灌注盆土，亦有类似的效果。

摄影／陈家伟

将盆栽浸入水桶中，可赶出躲藏在盆栽中的蚂蚁。

为什么盆栽附近常有果蝇，会不会危害植物和土壤？

A 果蝇的体型较一般常见的苍蝇、金蝇还要更小，喜欢在腐烂的水果蔬菜、厨余和垃圾堆附近活动。雌虫将卵产于腐果等发酵物上，幼虫能在极短时间滋生聚集。果蝇对花卉或土壤没有危害，但仍应检查附近是否堆放容易发酵、发臭的厨余垃圾，或是盆土曾施用未完全发酵的鸡粪、豆饼等有机肥料。这些都会招来果蝇繁殖。建议先将有机肥料移除，或在表面覆土5厘米，以防蝇类滋生。

听说蜗牛不喜欢薄荷油的味道，可以洒一些在植物上吗？

A 蜗牛、蛞蝓这类软体动物，常出没在潮湿的地方，喜爱啃食幼枝嫩叶。薄荷油对夜蛾类幼虫、蓟马、蚂蚁、蜗牛、果蝇都有防治效果。可稀释800~1200倍，与辣椒或大蒜混合再喷洒的效果更佳。

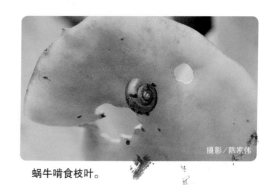

摄影/陈家伟

蜗牛啃食枝叶。

听说白醋、樟脑油可以用来除虫，要怎么做？

A 以1/4瓶白醋浸泡大蒜，或以1/5瓶白醋浸泡辣椒来喷洒，可防治蚜虫、蚂蚁、甲虫类、纹白蝶和白粉病等，稀释的倍数约400~800倍。樟脑油则是对许多害虫有驱除或杀虫效果，如蚜虫、蓟马、叶蝉、蚂蚁，以及各种甲虫或夜蛾类幼虫，稀释倍数约600~1000倍。

摄影/陈家伟

喷洒时，人要站在上风处，以免刺激皮肤。

花园中有些水景，常见水中出现孑孓，担心会滋生蚊子怎么办？

A 孑孓喜欢有水的地方，容易生长在花盆底盘积水处、花瓶，以及水景造景。市面上有贩售锭状除蚊剂，只要投入水瓶中，或直接放在花盆土表，浇水让药剂渗透土壤到水盘，就可有效防治孑孓、蚊子，使用上十分便利。

摄影/陈家伟

颗粒型除蚊锭，使用方便。

听说苦楝油防虫效果不错？可以防哪些虫呢？

A 从印度苦楝种子提炼出的物质，含有印楝素者称为的"苦楝精"，可阻碍昆虫脱皮、产卵，主要可防治蚜虫、夜蛾等幼虫，以及潜叶蝇、叶蝉和一些甲虫类。但它须在害虫变为成虫之前使用，才有良好效果。印楝素抽出后的油脂，经纯化加工制成"苦楝油"，可以防治粉虱、粉介壳虫、蚜虫、蚂蚁等害虫，以及白粉病、露菌病、炭疽病和锈病等病害，市面上都有相关免稀释产品可以选购使用。

摄影/王正毅

市售的苦楝油产品。

种了好几种花，可是觉得花一次比一次愈开愈小朵，为什么？

花愈开愈小朵，可以分为两种情况：

1. 一般买回的花卉盆栽是在花朵初开或盛开期，是当季第一波最早的花芽所发育而开的花，蓄积的养分最充足，所以第一波的花朵较大。而后续的花芽在发育期间，正逢第一波花朵盛开，甚至在花朵谢掉后还进一步结果和形成种子，均需消耗大量养分，因此后续花芽能获得的养分偏少，开出来的花朵也就比较小朵了。

2. 另一个原因是买回来的花卉盆栽，和原来花农的培育环境不同，如日照较差、温度变化过大，无法像花农在夏天进行遮阴，冬天有专门温室，且浇水、施肥、修剪、换盆也不如花农精确，因此后续开的花和第二季新开的花朵也就比较小朵了。

要怎么改善花愈来愈小的问题？

1. 花期长的盆花，早期花谢后便要进行摘除，可保留养分供后续花芽的发育。

2. 疏除一部分的花芽，让有限的养分集中而开出较大的花朵。

3. 给予植株较理想的栽培环境和管理方式，如：适时适量地施用磷钾肥，并提供充足的日照。

4. 盆栽土壤若已老旧变硬，在花期过后换盆换土，加入肥沃疏松的土壤替换老旧的土壤。

摄影/郑锦屏

疏除一部分花芽，可使留下的花芽开出较大的花朵。

居家美化与应用篇

顶楼、庭院、阳台空间，除了晒晒衣服，若能种些花草，就能搭起与大自然的桥梁，让居家花园日日都美丽。还有关于鲜花的照顾与应用，以及年节如何挑选合适的花卉，也都能增添生活情趣、传达温暖心意！

居家美化与应用篇

庭院规划

想去买些植物放在前院，适合挑哪些喜欢阳光的植物？

Q376

A 在日照充足的前院，若以观花为主，可以选择草花类、球根花卉、木本花卉类或是庭园树木这类阳性植物，像是：一串红、鸡冠花、百日草、松叶牡丹、矮牵牛、孤挺花、玫瑰、朱槿、九重葛、仙丹花、紫薇等。而若是以观叶为主，可以选择比较耐晒的：变叶木、彩叶草、彩叶山漆茎、紫锦木等。

摄影／何忠诚

日照充足的庭院，可配置多种阳性植物。

想在庭院种一排绿篱当分隔，种什么合适？

Q377

A 分枝多、枝叶细密的灌木最适合当做绿篱。栽种之前，要规划好绿篱的高度和厚度，并预留空间以利植株生长。建议的树种有：七里香、女贞、桂花、金露花。

优美的绿篱高度与厚度搭配建议

高度（厘米）	30	60	100	120	150
厚度（厘米）	20	30	40	50	70

要怎么修剪绿篱，才能常保整齐美观？

 1. 灌木种下后应立即截剪，即剪除整棵植株 2/3 的枝叶量，一般多针对老树或种植 2~3 年以上植株使用。此方法可使植株基部萌发新枝，让绿篱紧密充实。

2. 慢慢使灌木长高，不可一次达到预期绿篱高度。每次均将枝条截剪，促进侧枝生长、逐渐加高。这样形成的绿篱才会紧密美观。

3. 绿篱达到预期高度后，需要经常修剪维护。通常春、夏季气温高、雨水多、生长快，每月修剪一次，秋冬季生长慢，约两三个月修剪一次。

4. 绿篱外观应避免头重脚轻，导致下方枝叶得不到充分阳光而出现枯枝落叶，而且外形也不好看。

杂草丛生的荒地，要怎么整理才可以用来种果树、蔬菜、花卉？

 如果地形平整，土质肥沃而疏松，该地清理杂草之后即可栽植植物。如果地面凹凸不平，土质坚硬或含有石块等杂物，则需要将地面整平，土质挖松，清除杂物，并适度添加有机质材料改进（如有机堆肥、

树皮或泥炭土等，每平方米用量 1~2 千克）。整地的深度需考虑要栽种的植物而定，草本植物 20~30 厘米、灌木约 50 厘米、乔木约 1 米。

摄影／陈家伟

荒地经过整理与栽种，即可焕然一新。

后院有块地想要种树遮阴，哪些树最具有遮阴效果？

 若想有遮阴的功能，可选树冠大的树种，如常绿性的榕树、樟树、茄冬，或是落叶性的台湾栾树、苦楝、阿勃勒等。若想要搭花架，可选用藤蔓植物，例如九重葛、软枝黄蝉、蒜香藤、珊瑚藤、炮仗花或龙吐珠等。

种哪些植物可以收到鸟语花香的效果呢？

 若想引来"鸟语"，可种诱鸟植物，如：雀榕、杨梅、构树等。若想飘送"花香"，可选植香花植物，如：玉兰花、茉莉花、桂花、夜香木和树兰等。另外也可种植果树，如：芒果、龙眼、荔枝、莲雾、杨桃和番石榴等，也会吸引鸟类过来觅食。

顶楼、阳台绿化

想种植物来绿化顶楼，哪些禁得起风吹日晒？

 一般公寓或大厦顶楼的环境特征是日照较强、温度较高且日夜温差大、风力较大以及空气湿度较低。因此选择的植物以喜好阳光、耐热、耐风、耐旱等较健壮的种类为主。另外，考虑屋顶的载重，不宜选太过高大的植栽或者太重的盆栽介质，以轻量介质代替部分土壤，以减轻屋顶的承载重量。

建议的植物

草花类	日日红、千日红、鸡冠花、马齿牡丹、一串红、四季海棠、彩叶草
花木类	九重葛、仙丹花、马缨丹、朱槿(扶桑花)、紫薇、茶花、六月雪、七里香
观叶类	苏铁、变叶木、铁苋、鹅掌藤、福建茶、海桐
仙人掌或多肉植物类	仙人掌、沙漠玫瑰、绿珊瑚、虎尾兰、大银龙、花麒麟、长寿花

摄影／陈家伟

摄影／陈家伟

优美的顶楼花园。

外型可爱的多肉植物。

我家是顶楼加盖，可以在屋顶和墙边种什么降温和绿化？

Q383

A 若想在屋顶和墙边覆盖一些植栽，最常用于屋顶铺面的植物为翠玲珑，又称铺地锦竹草，是多年生草本植物。其茎呈蔓性，能匍匐地面或悬垂生长，而且每一节可长根，只需少量土壤和水分即可生长得不错，因此可直接披覆在屋顶上栽培。另外，绿壁植物如爬山虎具有吸盘、薜荔具有不定根，均可直接吸附墙面或屋顶，但需先在墙角设置栽植槽，或种在盆里再行诱引到希望的位置上。

摄影／何忠诚

翠玲珑

摄影／陈家伟

薜荔

西向的阳台，下午阳光很强，可以种哪些植物比较耐热？

 西向的阳台下午会有三四个小时的直射阳光，此时光线强烈，温度又高，水分散失快，故宜选择好阳性、耐热又耐旱的植物，通常以茎、叶肥厚的**仙人掌和多肉植物**，以及生性强健的**木本植物**为主。

建议种植的植物

仙人掌和多肉植物类	三角柱仙人掌、蟹爪仙人掌 (螃蟹兰)、昙花、石莲、风车草、万年草、佛甲草、洋吊钟、落地生根、长寿花、绿珊瑚、三角霸王鞭、花麒麟、大银龙 (红雀珊瑚)、芦荟、树马齿苋、虎尾兰、龙舌兰和沙漠玫瑰等
木本植物类	苏铁 (铁树)、变叶木、福禄桐、铁苋、黄金榕、六月雪、七里香 (月橘)、树兰、马拉巴栗、鹅掌藤、黄椰子、桂花、栀子花、茉莉花、玉兰花、九重葛、软枝黄蝉、仙丹花、马缨丹、朱槿 (扶桑花)、紫薇、黄槐、黄蝴蝶 (金凤花)、黄杨、女贞、金露花、蓝雪花和细叶雪茄花等

想让阳台变成小花园，该怎么规划植物摆放位置？

 阳台植栽的摆设方式，可分为以下四种：

1. 平面摆置。摆设于阳台的台面上或花架上。

2. 固定式。利用层架、网架等设施，将盆栽固定于阳台围栏、铁窗或阳台内墙上。

3. 引导式。将藤蔓植物种在容器内，引导其攀爬在支架或铁窗上。

4. 悬挂式。将吊盆植物悬挂于上层高处。

至于配置的技巧，可掌握"**多层次、多色彩**"的原则。例如台面上摆设一层、围栏上固定一层、上方再吊挂一层，也就是有三层高低不同的植物。摆设盆栽时，较大型植株放置于两侧，以免阻碍视线，较低矮植株放置于中间，形成高低层次。而正在开花的草花或花木类，可以摆在视觉焦点处，更能增添欣赏美感。

摄影／王正毅

摄影／王醒娞

利用花架或悬挂固定的方式，可增加盆栽放置空间。

室内美化

在窗边明亮的位置，适合摆放哪些植物呢？

Q386

A 窗边光线明亮的位置，可以挑选对光照的需求介于阳性和阴性植物之间的中性植物。它们对光照的适应性也比较强，像是：朱蕉、竹蕉类、马拉巴栗、鹅掌藤、火鹤、黄椰子、吊兰、黛粉叶等。

摄影／陈家伟

光线需求中等的观叶植物。

角落茶几比较暗一点的位置，适合摆什么盆栽呢？

A 原生在林荫下层对光照需求较少的植物，就适合栽种在遮阴的环境或当作室内植物。它们主要以室内观叶植物（阴性植物）为主，如粗肋草、黄金葛、蔓绿绒、竹芋类、合果芋、袖珍椰子、蕨类，以及万年青等。

黄金帝王蔓绿绒

狐尾武竹

姑婆芋

Q388

想买室内观叶植物，挑选时要注意什么？

A 1. 摆设地点。选购室内盆栽时，要依据摆设地点的位置大小、高度和环境条件，来考虑选购植株的大小、形状和种类。

2. 均衡比例。以中、小型观叶盆栽来说，植株宽度约为盆口的 1~1.5 倍、高度为盆高的 1.5~2.5 倍，这样的比例在视觉上较为优美，且植株地上部与根部比例均衡，管理维护也较容易。

3. 生长状况。观叶植物以枝叶繁茂、株形紧密、枝条分布均衡、叶片光亮厚实、叶色新鲜翠绿者为佳。叶面若有斑点条纹者，则斑点条纹愈分明愈好。另外还需注意是否有病虫害。

4. 盆土介质。最好是具肥沃而疏松的土壤介质为佳。

摄影／陈家伟

室内观叶植物。

观叶类植物，买回家就可以直接摆在室内观赏吗？

盆栽买回后，除非摆设位置光线充足，否则不要直接摆入室内，应给予一段时间适应。建议先摆在阳台、屋檐下或明亮通风的窗口，阳光未直射处，5~10天后，再移入光线较弱的室内摆设，此一过程称为"驯化"，可帮助植栽适应新的环境。

摄影／陈家伟

室内盆栽的选择，以耐阴性佳的观叶植物为宜。

买回来的鲜花，要怎样延长欣赏时间呢？

买回来的新鲜切花可进行下列的处理，以延长切花观赏期：

1. 在水中重剪。买回的鲜花，应在水中以利剪再剪掉茎段1厘米以上。剪取时避免接近茎节部位，以利于吸水和避免气泡阻塞于导管内。每隔数日，可再继续修剪，维持其吸水能力。

2. 切花基部的处理。草本花茎可以温水（60℃左右）浸泡20~30秒，也可用火焰对基部的切口轻微烧烤，以促进吸水并有杀菌功效。

3. 维持干净水质。每2天换水1次，水面下不要有叶片，以防腐烂滋生微生物。

4. 空气流通，温度适中。二手烟、厨房油烟、有阳光照射、冷气出风口，都会加

速鲜花老化。甚至像苹果、香瓜、凤梨这类会产生乙烯的水果，也要避免放在鲜花附近，因为乙烯会加速花朵凋谢。

5. 随时整理。切花枝中的残枝败叶，或已凋谢的花朵应随时予以剪除，以防产生乙烯并可维持美观。

摄影／李国良

修剪花茎，以维持良好吸水能力。

插鲜花的花瓶里面，可以加点什么东西来延长观赏期？

 这些延长切花观赏期的物质通称为"切花保鲜剂"。市售的主要含糖、乙烯抑制剂和杀菌剂，可依商品使用说明来添加于花瓶中。居家也可以无色透明的汽水加一倍水稀释，或在清水中加入少许食用醋、漂白水充当家庭用切花保鲜剂，效果亦不差。

摄影／陈家伟

添加保鲜剂可延长切花寿命。

年 节 送 礼

过年花卉常见大红大紫或金黄色，是有什么象征意义？

贺岁迎春的花卉中，通常以红色系最受人喜爱，因为红色代表喜气。而黄色系代表黄金，故而也受人喜爱。黄色花系有菊花、金盏花、文心兰等。还有金橘（金柑），因其果实是金黄色的故也属此系。另外，白色系代表白银，也有"发财得利"的意思，如百合、水仙、桂花（银桂）、白鹤芋，还有芽鳞脱落后露出银白色花穗的银柳（猫柳），也很受欢迎。

摄影／陈家伟

红色花卉给人喜气的印象。

过年应景的花卉琳琅满目，该怎么挑品质比较好的？

A 品质良好的花卉盆栽挑选要诀：

1. 叶片厚而硬挺，叶色浓淡正常、叶面具光泽，枝干健壮、粗短且分枝良好。

2. 注意有无病虫危害，除了检查表面，也要翻开叶背看看有无躲藏病虫。

3. 花卉盆栽应选择花苞多，且以不超过三分之一的花朵开放，其余仍含苞待放者为佳。如此观赏时期较长。

4. 盆土介质最好为肥沃疏松的土壤介质。若是结成硬块，可能此盆栽的根系已经老化；若是轻摇植株会松动，则有可能是刚移植不久的，根系尚未稳定。有此两者情况的皆不宜购买。

快过年了，可以买哪些喜气的红色系花卉？

A 贺岁迎春的花卉中，还是以红色系最受人喜爱，因为红色代表喜气，例如圣诞红、西洋杜鹃、茶花、长寿花、火鹤花、一串红、蟹爪仙人掌等。另外，"樱桃萝卜"俗称"好彩头"，很适合买来馈赠厂商、客户，小品样式还可放在办公桌上，增添吉祥年味。还有红色、黄色的"凤梨花"，也是满载旺气与喜气的最佳花礼。另外像是"蝴蝶兰"组盆、象征延年益寿的"寿菊"、象征多子多孙的"丽格海棠"等，都能传达过年的喜气。

火鹤

有哪些应景花卉是象征迎春贺岁的意思？

A 象征迎春贺岁的花卉有：报春花、常春藤、春不老、报岁兰、一串红（爆竹红）、炮仗花和竹子（竹报平安、节节高升）等。另外，还有高雅脱俗、观赏期长的兰花类，如蝴蝶兰、石斛兰等，象征吉祥之意的凤梨花、开运竹、文心兰、银柳，它们也很适合作为迎春贺岁的花卉。

想买花卉送长辈，有哪些象征福禄寿喜的花卉？

A 福禄寿喜的花卉有：福木、福禄桐、福禄考、唐葛蒲（又名福兰或剑兰）、状元红、长寿花、万寿菊、万年青、万代兰（以上三者皆可代表长寿）、万年竹（即幸运竹或开运竹）、百合、仙客来、八仙花（即洋绣球）、水仙等。

长寿花的花色众多、照顾容易。

仙客来组合盆花，送礼表达吉祥祝福之意。

想买花卉送客户、店家，有哪些是代表富贵发财的花卉？

 象征富贵发财的花卉有：翡翠木（又名发财树）、马拉巴栗（植株系上蝶蝶结后，也称发财树）、黄金葛、荷包花、观赏凤梨（旺来）、瓜叶菊（也称富贵菊）、金盏花（又称黄金花或金钱花）、金银花（又名忍冬）及美铁芋（金币树）等。

荷包花的花形就像个钱包，有发财的象征。

亲友搬新家，可以送哪些象征吉祥如意的花卉？

 具有吉祥如意涵义的花卉有：菊花（又称吉花，有登科中举之意）、金橘（代表大吉大利、吉祥如意）、花丁子（又称吉祥草）及兰花的组合盆栽等。

金桔代表"大吉大利、吉祥如意"。

情人节除了送玫瑰花，还有什么更实惠的选择吗？

 除了玫瑰花之外，象征爱情的花卉以及含意：

- 红色郁金香——爱的告白
- 紫色郁金香——永远的爱
- 桔梗花——不变的爱
- 星辰花——永不变心
- 爱丽丝（荷兰鸢尾）——爱的信息、梦幻美
- 百合——纯洁的心
- 香水百合——伟大的爱
- 玛格丽特——预言恋爱、暗恋
- 百子莲——爱的来临
- 一串红——热烈的思念
- 三色堇——请想念我
- 千日红——永恒的爱
- 天竺葵——爱情
- 向日葵——仰慕、崇拜
- 秋海棠——单恋、单相思
- 矮牵牛——与你同心
- 石竹——纯洁的爱

矮牵牛

植物名称	英文名	问题编号
观叶植物篇		
白网纹草	Nerve plant	Q117、Q118
吊兰	Spider plant	Q105
百万心	Million hearts	Q103
空气凤梨	Air plant (Tillandsia)	Q83、Q93、Q106
非洲堇	African violet	Q88、Q89、Q90、Q96、Q107、Q110、Q112
室内植物	Indoor plant	Q76、Q77、Q78、Q79、Q111
食虫植物	Insectivorous plant	Q86、Q101、Q108
常春藤	English ivy	Q99、Q119
瓶子草	Sarracenia	Q85、Q104
发财树（翡翠木）	Jade plant	Q109
黄金葛	Pothos	Q80、Q91、Q97
万年青（幸运竹）	Ribbon plant (Lucky bamboo)	Q81、Q92、Q94、Q98、Q113、Q114
铜钱草	Rund-leaved pennyuort	Q87
猪笼草	Pitcher plant	Q86、Q95、Q102
铁线蕨	Maidenhair fern	Q116
观叶植物	Foliage plant	Q73、Q74、Q75、Q82、Q84
观赏凤梨	Bromeliads	Q100、Q115
兰花篇		
石斛兰	Dendrobium	Q130、Q132
拖鞋兰	Slipper orchids, Paphiopedilum	Q127、Q128
嘉德丽雅兰	Cattleya	Q126、Q131
蝴蝶兰	Phalaenopsis, Moth orchid	Q124、Q125
兰花	Orchid	Q120、Q121、Q122、Q123、Q129
水生植物篇		
水生植物	Aquatic plant	Q133、Q134、Q139
睡莲	Water lily	Q135、Q137、Q138、Q141、Q142、Q143、Q144
莲花	Lotus	Q135、Q136、Q140
蔬菜果树篇		
十字花科植物	Brassicaceae	Q158
小白菜	Baby pak-choi	Q155
山苦瓜	Kakorot	Q147、Q170
水蜜桃	Honey peach	Q151
四季豆	Snap bean, String bean	Q169
瓜类植物	Cucurbit	Q159、Q164
芒果	Mango	Q165

图书合同登记号：图字 132014018

《花博士到你家　种花·栽培·病虫害 Q&A 完全问答 399》

中文简体版© 2014 由福建科学技术出版社有限责任公司出版发行

本书经台湾城邦文化事业股份有限公司麦浩斯出版事业部授权，

同意由福建科学技术出版社有限责任公司出版中文简体字版本。

非经书面同意，不得以任何形式重制、转载。

图书在版编目（CIP）数据

花博士到你家 / 张育森著 . —福州 : 福建科学技
术出版社 , 2016.4
　 ISBN 978-7-5335-4934-3

　 Ⅰ . ①花⋯　 Ⅱ . ①张⋯　 Ⅲ . ①花卉 – 观赏园艺 – 问题
解答　 Ⅳ . ① S68-44

中国版本图书馆 CIP 数据核字 (2016) 第 017180 号

书　　名	花博士到你家	
著　　者	张育森	
出版发行	海峡出版发行集团	
	福建科学技术出版社	
社　　址	福州市东水路 76 号（邮编 350001）	
网　　址	www.fjstp.com	
经　　销	福建新华发行（集团）有限责任公司	
印　　刷	福建彩色印刷有限公司	
开　　本	787 毫米 × 1092 毫米　 1/16	
印　　张	15	
图　　文	240 码	
版　　次	2016 年 4 月第 1 版	
印　　次	2016 年 4 月第 1 次印刷	
书　　号	ISBN 978-7-5335-4934-3	
定　　价	48.00 元	

书中如有印装质量问题，可直接向本社调换